「自傷的自己愛」の精神分析

SPRING

野

更具体地生长

All This Wild Hope

自责的根源，在于想"珍重自己"。

—

健康的自恋，是能让人变得幸福的自恋。

斋藤环
1961—

「自傷的自己愛」
の精神分析

自伤自恋的精神分析

斎藤 環

［日］斎藤环 著　　顾小佳 译

GUANGXI NORMAL UNIVERSITY PRESS
广西师范大学出版社
·桂林·

图书在版编目（CIP）数据

自伤自恋的精神分析 / (日) 斋藤环著；顾小佳译.
桂林：广西师范大学出版社，2024.11（2025.1重印）.
ISBN 978-7-5598-7261-6

Ⅰ. B848-49

中国国家版本馆CIP数据核字第2024UL2337号

「JISHOTEKI JIKO AI」NO SEISHIN BUNSEKI
© Tamaki Saito 2022
First published in Japan in 2022 by KADOKAWA CORPORATION, Tokyo.
Simplified Chinese translation rights arranged with KADOKAWA
CORPORATION, Tokyo through BARDON CHINESE CREATIVE AGENCY
LIMITED.

著作权合同登记号桂图登字：20-2024-065 号

ZISHANGZILIAN DE JINGSHENFENXI
自伤自恋的精神分析

作　　者：（日）斋藤环
译　　者：顾小佳
责任编辑：彭　琳
特约编辑：徐　露
装帧设计：汐　和 at compus studio
内文制作：陆　靓

广西师范大学出版社出版发行

　广西桂林市五里店路 9 号　邮政编码：541004
　网址：www.bbtpress.com
出版人：黄轩庄
全国新华书店经销
发行热线：010-64284815
北京启航东方印刷有限公司印刷
开本：787mm×1092mm　1/32
印张：8.125　　　　字数：110千
2024年11月第1版　　2025年1月第4次印刷
定价：48.00元

如发现印装质量问题，影响阅读，请与出版社发行部门联系调换。

导 读

自恋，是我们活在世上的锚

2022 年底，我读完了本书的日文原版。在读的过程中，有过很多触动，也有很多"原来如此"的时刻，深深觉得这可真是一本写给我的书。

当然，这种说法非常自恋。不过，看过本书的我，可以用书的主旨安慰自己："没关系，自恋是我们活在世上不可或缺的情绪。"

我还相信，读过本书后，你也同样会觉得这是一本写给你的书：可能带来刺痛，也可能带来启发和鼓励，最重要的是，它会为你驱走一些眼前的迷雾。

自我伤害式的自恋，日文原文是"自伤的自己爱"。既是"自我伤害的"，又是"自恋的"，看似非常矛盾。

既然自恋，为何还要伤害自己？

自我伤害这么负面的情绪，又如何与自恋联系到一起？

以及，"自恋"真的是负面的吗？尤其在 NPD（自恋型人格障碍）的有毒性被大众广泛认知进而引发一轮轮舆论声讨的今时今日，"自恋"是一种需要被严格扼制的性格特征吗？

为了回答这些问题，本书以近年来发生在日本的"厌女型"和"报复社会型"犯罪为开篇，从挖掘犯罪者内心深处的自我厌恶，谈到整个东亚社会中越来越严重的茧居（"家里蹲"）问题，再到更为普遍也更加隐秘、深深潜藏于普通青少年/成年人体内的自我否定情绪和自我伤害欲望，循序渐进地带领我们去认识存在于我们心中的暗角。

看过书后你会明白，常被挂在嘴边的自贬发言、时时萌生的不配得感，其实也属于广义上的自我伤害，而这种言行贯穿了我们"东亚小孩"的被嫌弃的一生。从"躺平文学""发疯文学"的大肆流行，再到"废物""社恐""阴暗怪"几乎成为每个当代人乐于自贴的标签，我们其实在用"社恐"做社交铠甲，用自我否定做蜗牛壳，其目的无非是为了保护我们内在的真实软体，不用去面对这世上林林总总的可能的失败：我社交失败，是因为我不擅长；我工作失败，是因为我本来就不行；我讨厌人类，但我更讨厌自己。在否定自己这一点上，我们最熟练，也最有自信；"东亚小孩"嘛，有的是一身自我否定的"童子功"。

以上这些感受，从本书的论述中，你应该可以找到很多共鸣：

"自我否定是一种寻求认同的呼救。"

"自我伤害式自恋的呈现，大多是'理想中的自己'在批判'不好的自己'。"

"希望世界毁灭的人，祈愿的往往是自身的毁灭。"

而在作者斋藤环的理论里，"自我伤害"和"自恋"都非贬义，而是客观的中性词，两种状态看似相悖，却又连在一起，成为一种非常真实的、可以发生在所有人身上的心理状态：

"自恋是我们活在世上不可或缺的情绪，甚至是健康的标志。承认并培养潜藏在每个人心中的自恋，比浅薄的'自我认同'要好得多。我希望那些贬低和批判自身并为之痛苦的人能够认识到，他们自责的根源在于想'珍重自己'。"

随后作者带领我们梳理了"自恋"概念在心理学中的定义和演变，分析了现代年轻人的"认同成瘾""点赞成瘾"和"高自尊低自信"等具体现象，引导我们如何寻找"自我伤害"的根源，呼吁保护自我尊严的重要性。

作者认为，自恋本身并非有毒，反而是我们活在世上确认自我、巩固自我的手段。它如同自我的内在核心，如果足够稳定，就能扶助我们站立于世上，应当被"正名"。反倒是有很多东西在妨碍我们健康地自恋，这才是该被正视和纠正的。自我伤害与自恋就像一枚硬币的两面，构成了我们向阴与向阳的两重欲望，只有打破这两者之间的恶性循环，才能培养出更健康的自恋，让自己活得稍微轻松一些。

在作者举例的各种现象中，离我们最近也最好理解的，大概就是"高自尊却低自信"。

自尊，就是心里有一个理想的、值得珍视的自己。但"理想的自己"是幻象，必然与真实的自己有距离。

自信，则来自现实生活的实际体验，是从别人的信任和肯定中逐渐累积而成的。如果人在生活中长期处于被否定、无视、嘲笑和边缘化的境地，即使受伤的程度并不严重，也会让自信的根基慢性而持续地受损。因为保持不了自信，所以会更加依赖于"理想的自己"这个幻象，为自身达不到理想状态而痛苦自厌。

而以上这些慢性受损，在学校、职场、家庭以及情感关系中，其实并不罕见，人人都有可能遭遇过（更遑论身为女性或者"东亚小孩"）。在此，可以以我为例做一个简单的解释（当然这种做法也很自恋）：

我居住在国外，生活和工作环境里中国人很少，说中文的机会有限，口头表达能力和现场反应能力都有些退化。长期生活在国外有种很奇妙的感觉，表面上一切都已成习惯，但依然会在一些时刻被提醒自己是个"局外人"，这种感受轻微却慢性，就是能清晰感知到自己不在"主流"当中，而这与我建立了多少社会人脉，取得了怎样的事业成功无关，他们永远会在第一时间想起我是个外国人。当然，这个概念并不带褒贬，比如他们在谈到中国时，永远会转头向我征求意见，大到有关中国历史的专业知识，小到中国当下的流行文化。他们不会意识到我和他们生活在同一个地方，很多东西与他们一样无知，我永远是他们刻板印象里的"中国人"。我为此感到一种并不致命，却永无解法的隔阂，仿佛自己处于一块悬空之地，悬空处只有我自己，谈不上孤独，却有一种难以描述的寂静。我可以美化这种寂静，但也必须承认这是促成我并不健康的"高自尊低自信"的一部分原因。

看过书后我明白了，"高自尊低自信"的根基也是自恋，是一种自我伤害式的自我确认。也许只通过看书，状况并不能立刻改善，不过那种"想通了"的心情很重要，可以帮助我更清醒地抚慰自己。

心理学类书籍总是与我们切身相关，有时我们对这类书避而不读，可能是因为有些书专业性太强，也可能是我们害怕被毫不留情地戳到痛处。毕竟人的痛处正如一种"慢性病"的存在，已经成了我们自身的一部分。如果随意对痛处做改善，有时甚至会动摇我们对自我的定义。现在在日本的各类媒体上、在个人的社交媒体中，都能高频地看到一种表达——"生きづらい"。最简单的直译，是"难活"，指"活在世上感到举步维艰、窒息压抑的一种状态"。在日语里,"难活"这个词只有五个音节,展现出的却是处处便捷的现代社会中既不可见、也无法量化、更无从诉诸旁人的微妙艰难,也许不能明确地称其为痛苦,但幸福感却由此被持续而缓慢地降低着,如果要在中文的网络流行词中找一个对应的状态,可能就是"内耗"。可见,"难活"虽是一个日语流行词,表达出的却是整个东亚圈的常见状态。

"自我伤害式自恋"就是这么来的:自我珍惜是本来目的,但很多时候,我们采取的却是自我伤害的方式。毕竟,"自我伤害地看待自己",几乎是唯一一种不妨碍和干涉他人、可以在自己界线内完成的自我彰显和自我确认,既带来快感,也加固桎梏。

我们正处于一个前所未有的"自由"的时代。那些更大的、更坚固的东西在当代生活中早已烟消云散,我们渐渐摆脱了传统的、权威性的旧有价值观,获得了"个人"身份,也由此被原子化,变得孤独而无力。自由及其种种可能正在与日俱增,我们搭配和实现这些可能性的个人能力却并未随之大幅度增强。为了去修补自己的不稳定和欠缺感,我们用不再受保护的个人软体，以"自由"为名义，实际却身不由己，依附于各种微小的、临时性的价值基准，因此反而更容易陷入"认同焦虑"的陷阱，而空虚感并未能拭去。

说真的，有哪个现代人没有感觉自己的每一天都在被各种或正式或野生的价值基准推来搡去，在被几乎细如网格的无所不在的刀刃所割伤？新自由主义将责任推给了个体，在我们佩戴的社交假面之上，孤独和软弱"被消失"了，它们被看作负面的、失败的、最好不要公开表达的情绪；在我们身处的信息茧房中，又随时被"热血、向上、坚强、成功、不放弃"所包围，必须努力用软弱肉身去承载这些比自身巨大得多的坚硬物质。

活着，成了一个弥合虚弱自身和坚硬世界之间的落差的过程。正面情绪是力量，帮助我们克服困难，但所谓的负面的情绪，也应该得到更柔软的珍视。

这本《自伤自恋的精神分析》，就是一本温柔地指出痛处的书，是对窒息感的打破，带我们安抚和珍视负面情绪，帮我们更稳定地锚定自身。

《自伤自恋的精神分析》的日文原版是角川公

　　　　　　　　　　　　　自伤自恋的精神分析

司出版的"角川新书"中的一册。"新书"在日本，并非字面意义的"新出版的书"，而是一种特定的书籍分类，从版式到内容都有着自己的特色，类似"小册子"，内容也多是入门类的人文社科书或生活实用书，主打快捷易读。在我看来，细长轻薄、方便携带的"新书"，就是平时装在包里的水瓶、充电宝、能量棒，可以帮助我们在现代的旷野上跋涉。

本书作者斋藤环先生是有着丰富临床经验的精神科医生，同时也是精神分析学者和大学教授，还是非常活跃的文化批评家，喜欢以"御宅族"自居，对ACGN文化有着广泛涉猎，擅长用自身体验去切入理论性话题，为每一个"你"而写书。就像他在本书中所写的，"年轻的轻度抑郁患者，如果由擅长心理疗法的年轻医生负责治疗，通常会有较好的康复……年轻医生更能做到高度共情，能与患者建立良好的治疗关系"。斋藤先生虽也年过花甲，但在心态上却是一位能与年轻人高度共情的医生。我读过他的十几本书，这些著作都有对年轻人真切的关怀，甚至是带着几分焦虑的，很珍惜、很痛心的关怀，他一直在尝试将自己的专业知识转化成平实的文字，拉住迷途的年轻人的手，带他们走出迷雾。最初我向编辑推荐这本书，也是因为我读过他的许多书后共通的感受：斋藤先生可以信赖，通过读书，我获得了一些平静。

希望能用现在的中文版与众多读者分享这种信任和平静，希望我们能通过这本书，以软弱的个体的形象，坚定地拉起手来，知道自己不孤独。当然，我这种说法又很自恋，不过本书一直在告诉我们：自恋是我们活在世上不可或缺的情绪，重要的是如何驱除自恋中过度自我伤害的一面，让自己站立得更稳一些。

蕾克

2024.8

自伤自恋的精神分析

目录

写在前面 1

 "剩男"的恨意 3

 在自我憎恶中，加速下坠 8

 你痛苦是因为你自己不行？ 16

 人人都有可能成为"茧居者" 19

 发现"自我伤害式自恋" 27

第一章 自恋是坏事吗 33

 一直被用作贬义词的"自恋" 35

 精神分析中的"自恋" 40

 "讨厌自己"的精神分析 47

 自我与客体之间的理想关系 50

 家庭之外的人际关系的重要性 54

高自尊，却低自信   57

自我否定是一种寻求认同的呼救   61

攻击家人，也是一种自我伤害   65

总认为"我是个废物"的人   68

第二章　从寻求真我，到寻求"点赞"   71

"讨厌自己"是种彻底的否定   73

战后日本精神史的演变   76

非黑即白的"边缘型人格"   80

心理学成为潮流   83

解离，是内心的一种防御机制   85

"认同成瘾"的时代   88

工作的原动力，是寻求认同?   90

是现在的年轻人太脆弱了吗?   95

从认同成瘾到连接成瘾   99

"人设化"的时代   105

"社交与认同"成为幸福的条件   111

负面人设，等同于最粗暴的刻板印象   116

"新型抑郁症"的诞生   120

被浪费化的"天才病"   124

沉迷"阴谋论"也是一种成瘾行为?   129

第三章　解开过去的诅咒　　　　　　　　　133

　　与其完全克服，不如适度共存　　　　135

　　"自我伤害式自恋"的性别差异　　　　140

　　母亲支配女儿的身体　　　　　　　　141

　　"否定"和"牢骚"背后的支配欲　　　147

　　"弑母"的困难性　　　　　　　　　　149

　　为了解开亲子之间的咒缚　　　　　　151

第四章　为了培育健康的自恋，我们能做什么

　　　　　　　　　　　　　　　　　　159

　　"自我认同"是自救时抓住的稻草　　161

　　不克服懦弱，而是坦诚地肯定它　　　164

　　起起落落，是人之常情　　　　　　　169

　　狂热团体的洗脑手法　　　　　　　　171

　　对生命做价值判断是不可能的　　　　173

　　如何处理"我执"　　　　　　　　　178

　　"健康的自恋"是什么？　　　　　　181

　　我的自恋　　　　　　　　　　　　　186

　　自恋即"做自己"的欲望　　　　　　191

　　自己的尊严自己来守护　　　　　　　195

　　如何缓解"自伤性"　　　　　　　　197

通过开放性对话做修复　　　　　　205

写在最后　　　　　　219

正视"自我伤害式自恋"　　　　　　221

善待、体谅和同情自己　　　　　　227

主要参考文献　　　　　　230

写在前面

自恋是我们活在世上不可或缺的情绪，

甚至是健康的标志。

"剩男"[1] 的恨意

2021 年 8 月 6 日，一名 36 岁男子在小田急小田原线[2] 电车内，用厨刀刺伤一名乘客，并泼洒色拉油，妄图放火烧车，致使 10 人受伤，其中一名 20 岁的女大学生身受重伤[3]。这就是"小田急线刺伤事件"。

嫌疑人在作案之前，刚在新宿区因偷窃被人报警。嫌疑人交代，当时他萌生恨意，"想杀死报警

1　即日语"非モテ"，日本俚语，没有恋爱经验和性经验的人的自虐性称呼。——本书中如无特别注明，均为译者注。

2　小田急电铁公司的小田原线，往返于东京都内的新宿车站与神奈川县的小田原车站，全长 82.5 公里。

3　日本新闻报道中的"重伤"指需住院治疗，一个月以上才能痊愈的伤势。

的女性店员"。另据报道，嫌疑人表示"6年多来，我一看到看上去顺风顺水的女性，就恨不得杀了她们"，"我瞄准的是人生赢家式的女性或情侣"。

一些女性主义者认为，本案可能是"厌女型"犯罪、"仇恨型"犯罪，或"专门针对女性的谋杀"。还有人从其他视角指出，嫌疑人可能是所谓的"非自愿独身者"。我也有同感。嫌疑人到底是不是"剩男"，这个我们不知道，不过从他的作案手法和供述内容来看，他有极其明显的"非自愿独身者"的倾向。

那么，什么是"非自愿独身者"？

"非自愿独身者"即英语中的 Incel，Incel 是"Involuntary Celibate"的缩写，意为"非自愿的禁欲者、非主动的单身者"。

Incel 是针对某些异性恋男子的称谓，这些男子深信因自己外貌丑陋，所以交不到女性伴侣。通常这些人被认为有可能对女性心生憎恶、仇恨，甚至走向犯罪。因此，"非自愿独身者"有时又被称为"怀有仇恨心理的男性至上主义者群体"。2014 年 5 月，美国一名叫埃利奥特·罗杰（Elliot Rodger）

自伤自恋的精神分析

的 22 岁男子，开枪随机打死 6 人后自杀身亡。凶手生前是非自愿独身者网络论坛的活跃成员。而最近的日本，2022 年 7 月 8 日枪杀前首相安倍晋三的山上彻也[1]，也经常在推特上提到"非自愿独身"。有人认为，山上很可能认为自己就是"非自愿独身者"。

在旁人看来，自称"非自愿独身者"的男性异常在意自己的"外貌"。他们中的很多人谈到在青春期和青年期时，自己曾被女性拒绝，留下内心创伤——"希望获得女性的认同而不得，失望之下，开始憎恨女性"。

这些人往往认为自己不受女性青睐是先天决定的。美丽迷人的女性（代称"斯泰茜"[2]），只会被有魅力的男性（代称"查德"）吸引。非自愿独身

---

[1] 山上彻也 1980 年出生于日本，2002 年加入日本海上自卫队服役，3 年后退役便开始兼职打工，2022 年 5 月辞职后，一直未有工作，同年 7 月枪击前首相安倍。

[2] 斯泰茜（Stacey）和查德（Chad）是 20 世纪 70 年代初期开始在美国特别流行的名字，后来斯泰茜多用来指无趣、虚荣的金发碧眼美女，而查德则变成与斯泰茜绑定的成功男性的形象，通常为金发碧眼且肌肉发达。这对名字的文化含义变迁正与"非自愿独身者"有关，是性别刻板印象的典型例子。

者在先天条件上劣于这样的"真男人"，基因决定了他们永远不会有机会。

日语语境中的"剩男"和"弱势男性"，跟英语语境下的"非自愿独身者"有很多共通之处。不过，日本的"剩男"没有显著的暴力倾向，很难与"攻击性仇恨群体"挂钩。英语语境下的人生赢家查德，换到日本，更像是"Palipi"[1]和"Uikei"[2]等类似的"派对人"。有意思的是，日本的弱势男性并不像欧美的"非自愿独身者"那么有集体归属感，日本剩男之所以自卑，未必是因为相貌丑陋，更多的是欠缺社交沟通能力，这一点将在后面讨论。

一般来说，非自愿独身者对"积极向上、追求更好的生活"不感兴趣，甚至持嘲讽的态度。如果群体中出现与女性和睦相处的人，他们会立刻嘲讽这类人是"伪独身"（Fakecel）。日本的"剩男"也有同样倾向，他们嘲讽积极的人是"装逼犯"，并诅咒恋爱顺利的人，"'现充'[3]赶快原地爆炸"。

---

1 即パリピ，日本俚语，指喜欢泡酒吧和俱乐部，热衷参加派对，擅长社交，偏轻佻的人。

2 即ウェイ系，日本俚语，指喜欢聚众玩乐，性格外向的人。

3 日本网络俚语，指现实生活幸福充实的人。

自伤自恋的精神分析

这样看来，上述案件与哥伦拜恩中学校园枪击案[1]、弗吉尼亚理工大学校园枪击案[2]有很多共同之处。

希望大家看到这里能明白，为什么我认为小田急电车刺伤事件嫌疑人有"非自愿独身者"的倾向。但是如果有人认为藏在当事人背后的情绪只是单一的"厌女"，我觉得这种结论解决不了真正的问题。**对女性的仇恨，只是他们心中仇恨的一小部分，更大的还是对社会的憎恶、对自身的厌恶（或排斥）。**

我理解有人会反驳："不对，你想多了，小田急电车刺伤事件这类案件中，嫌疑人绝对是极端冷酷自私的人。"我不否认他确实有极端自私的一面，但其中还有一个很大的悖论：自我憎恶到极致的人，反而是极度以自我为中心、不顾他人的人。正所谓"希望世界毁灭的人，祈愿的往往是自身的毁灭"。

---

1 1999 年 4 月 20 日，2 名青少年学生因遭受霸凌，携带枪支和爆炸物进入科罗拉多州杰斐逊县哥伦拜恩中学校园，枪杀 15 人，并造成 25 人受伤，两人随后自杀身亡。

2 2007 年 4 月 16 日美国弗吉尼亚理工大学发生的枪击事件，枪手为 1 名感到被孤立的韩裔学生，事件造成 33 人死亡，多人受伤，枪手本人最后开枪自尽。

在自我憎恶中，加速下坠

谷山浩子有一首名曲，题为《别的小孩》，是关于内在小孩（inner child）[1]的。歌词里有这样一段：一个被世界抛弃的少年，想把整个世界都烧成灰烬，这个念头也焚毁了少年的心。换句话说，**一个彻底不接受他人的人，必然连同自己一起憎恶。**"非自愿独身者"和"弱势男性"憎恨世界（和女性）不只是因为内心的扭曲病态，也因为这种心理，实为人性固有。

自我憎恶的最终结果，就是加害行为。这个推论让我想起 2008 年 6 月 8 日发生的秋叶原街头随机杀人事件[2]。此案发生在 10 多年前，年轻一代可能不太熟悉，对于"被弃世代"（以现年 40 多岁的一代人为主）来说，也许伤痕犹在，记忆尚新。

在这起事件中，当时 25 岁的前汽车制造厂派

1　心理学中，一般指个人幼小时期的创伤记忆。

2　2008 年 6 月 8 日，凶手加藤智大驾驶一辆 2 吨货车闯红灯，冲向东京秋叶原十字路口，碾压 5 人后，下车使用匕首刺杀 12 人，共导致 7 人死亡、10 人受伤。后被判处死刑。

遣工[1]驾驶一辆2吨货车，冲入东京秋叶原的自由步行区域，下车后用匕首捅死并捅伤了包括1名巡警在内的17名偶然经过的路人。

由于行凶者是1名派遣工，该事件引发了社会对穷忙族[2]（working poor）问题的关注，并推动了政府对派遣用工制度的修正。

很多人认为凶手极端自私，以自我为中心，对生活没有脚踏实地的态度。不过，凶手在作案之前，曾在网络论坛上发表过一系列帖子，话语中显示出强烈的自我否定和厌世情绪，诸如"只要我有了女朋友，也许我就能……""丑狗（比如我）不配有人权"之类的言论。与"非自愿独身者"的烦恼相似，他们都认为自己因相貌丑陋，无法被异性正眼看待。

秋叶原事件凶手的这种态度，与其他同类街头随机杀人案的凶手有一定共通之处。例如，2018年6月9日发生的东海道新干线持刀砍人事件，当时

1　派遣工与人才派遣公司签约，被派遣到企业工作，与实际工作的企业之间没有雇佣关系，等于做正式员工的工作，却无法获得正式员工的福利保障。

2　也称为勤劳贫困阶层、工作贫困阶层，指有工作但低薪金、只能勉强生活的人。

22岁的无业男性在行驶中的新干线列车上用砍刀和匕首刺伤2名女性，杀死1名上前阻止的男性。这名男凶犯从小在复杂恶劣的家庭环境下长大，虽然不能断言家庭环境和凶手的残暴行为之间是否存在因果关系，无法否认的是，凶手确实希望自己"被判处终身监禁，在监狱里度过余生"。

受审期间，该凶手还有很多怪异行径，比如他在法庭上明言"我杀得很漂亮，让那人彻底死透了"。他听到自己被判处终身监禁的宣判，无视法官的阻止，三次高举双手欢呼"太好了"。这一系列的怪异行径像是某种自残，不仅我一个人这样想吧。我虽然无从了解凶手的自我意识，但据报道，在案发前的一段时间里，凶手一直流浪街头，试图饿死自己。从这些迹象来看，我认为他有强烈的自我否定情绪和绝望厌世感。

上面谈到一系列犯罪事件，也许有人认为，有"自我伤害式自恋"心理的人难免具攻击性，有暴力倾向，但在我看来，情况要比这个复杂得多。

直到不久前，媒体都有一种倾向：热衷做年轻人越来越"凶恶"或越来越易怒之类的报道，但

自伤自恋的精神分析

这不符合事实。真实现状是，随着时代变迁，现在的年轻人变得越来越温顺了。单看政府每年颁布的《犯罪问题白皮书》的统计数据，未成年人犯罪率峰值出现在 1960 年。近年因犯罪和不良行为而被捕的青少年人数逐年减少，犯罪率逐年下降。这样看的话，"团块世代"[1] 在 1960 年时正值青春期，那时的犯罪率最高。这一代人自幼顽皮肆意，也许与现在的"暴走老人"[2]，以及近年来老年犯罪率上升的趋势有所关联。

而日本年轻人却随着时代推移变得越来越温顺了。例如，日本之外的其他发达国家，如今因杀人而被送检的，从年龄段看，最多的是 20 多岁的年轻人。但在日本，杀人送检率最高的是 40 多岁，其次是 30 多岁，20 多岁排在其后，位居第三[3]。行为生态学学者长谷川真理子对 20 岁这个年龄段数据异常低的情况表示关注。她指出，之所以会出现

1　在"二战"结束后人口急增时期出生的人，在日本通指 1947 年到 1950 年出生的一代人。

2　源自藤原智美的纪实作品《暴走老人！》（文艺春秋，2007 年），描述了高龄老人因沟通能力的逐渐丧失而变得性格暴躁，呈现出攻击性和暴力性。

3　资料来源：1960—2015 年警察厅公开资料《杀人事件中不同年龄段的送检人数》。——原注

这种现象，是因为年轻人在社会变化过程中采取了规避风险的处世态度。

如果我们粗略概括上述趋势，就会发现当代青年的心态正处于"从对抗社会到疏远社会"的转变中。说起过去的年轻人，从全共斗运动[1]青年，到不良少年[2]，他们种种扰乱公众生活秩序的行为倾向于对抗社会，不惜诉诸暴力和犯罪。然而，全共斗学生运动退潮了，随着《道路交通法》的修正，街痞型不良少年的飙车文化受挫，**其后，年轻人迅速呈现出了非社会化的倾向。**

看数据的话，我们可以发现拒绝上学和选择茧居的青少年人数在迅速增加，尼特族（neet）[3]人数在增加，犯罪率呈现下降趋势。除此之外，非婚趋势也很显著。终身不婚率飙升，例如 2020 年日本男性的终身不婚率为 25.7%，女性为 16.4%，到达统计峰值。也许有人会说，不结婚与适应社会、交际能力无关，然而，在日本目前男尊女卑的社会结构中，

---

1 发生于 1968—1969 年间的日本学生和新左翼运动。
2 始于 20 世纪 70 年代中期，特指 20 世纪 80 年代中期到 90 年代前期的街痞型的不良少年少女，比如骑摩托车飙行的暴走族。
3 不愿接受学校教育、不愿工作、不愿接受技术就业培训的年轻无业者，也称家里蹲或啃老族。

　　　　　　　　　　　自伤自恋的精神分析

一个人如果选择不结婚，他的社会参与度往往严重受限，从这个角度看，不结婚很容易被看作不进入社会，乃至疏远社会。

除数据外，其他很多关键词也暗示了非社会化的倾向。20世纪90年代以来，与年轻人相关的流行词汇包括御宅、飞特族、尼特族、家里蹲、食草男、穷忙族等，指的都是难以融入社会的年轻人。从这个意义上，这些词可以被视为一组关键词，象征了年轻人的非社会化。

在我看来，上文提到的"非自愿独身者"的犯罪也源于这种非社会化。我之前刚刚说过犯罪是反社会行为，现在又认为这种犯罪源于对社会的疏离，似乎前后矛盾，我来解释一下。

有一个网络俚语叫作"无敌之人"，根据维基百科的解释，这个词最初是由西村博之[1]于2008年在其博客里提出的。西村说：

"人本来不愿意染指犯罪，因为一旦被捕，就会失去工作，丧失社会信誉。然而，对于原本就没

1　西村博之（1976— ），日本企业家，现任匿名网络论坛4chan的管理人，日本匿名论坛2ch的创立者。

有工作、没有社会信誉的人来说，被捕并不是风险，只不过是生存环境的变化，'监狱好像也不是特别糟糕的地方'。随着互联网的发展，这些人认为'我犯的事可以影响警察和其他人'，自己的所作所为对社会产生了影响，由此获得自我满足和充实感。"

我认为这段话的后半部分有待商榷，但从"一无所有、无可丧失的绝望感导致犯罪"的视点看，我觉得"无敌之人"的叫法非常贴切，西村很会起名。西村认为 2021 年发生的京王线刺伤事件[1] 就是一起"无敌之人"犯下的罪案。他说："犯人自白'这个社会不接受我，所以我想自杀'，这很符合日本人的逻辑思路。但在一万个自杀者中总会定期出现一个人——'我要杀几个人之后再去死'。"西村认为这类案件处于自杀的延长线之上，我也认同。

西村是"无敌之人"一词的首创者，但让这个词广为传播的却是另一件事。

1　2021 年 10 月 31 日，东京的京王线电车车厢内，1 名 24 岁男子持刀刺伤陌生乘客后，泼洒液体放火烧车，导致 18 人负伤。犯罪被捕后交代，他参考了 2021 年发生的小田急线刺伤事件。在小田急线事件中，犯人泼洒色拉油试图烧车，因色拉油在常温和常压下不会引燃而遭网民嘲笑，2 个月后发生的京王线事件中犯人改用了火机油。同年 11 月，在九州新干线车厢内发生了同类手法的放火事件，犯人交代其模仿了京王线事件。

2012 年发生的《黑子的篮球》勒索案 [1] 中，嫌疑人渡边博史被捕，被诉以暴力妨碍公务罪，他在公判法庭上陈述说：

"有一个网络俚语叫'无敌之人'，说的就是我这样没有人脉、没有社会地位、一无所有的人即使做了什么事，也无可丧失。我们对犯罪行为没有任何抵触。在今后的日本社会里，'无敌之人'只会越来越多，绝不会减少。"

这番陈述一经媒体报道，"无敌之人"一词迅速传播，众多年轻人怀着强烈的共鸣，反复引用这句话。从渡边的陈述可以看出，"无敌之人"这一概念的背后，存在着强烈的自卑感。更确切地说，存在着一种自我伤害式自恋。

这种自卑感，并不限于茧居者或尼特族，在性格内向、有孤立倾向的年轻人身上，多少都能看到这种自我意识。他们中的许多人喜欢自称"剩男"和"猥琐男"，做过度的自我贬低。客观来说，他们未必相貌丑陋，但他们坚信自己毫无魅力。这是为什么呢？

1　漫画作品《黑子的篮球》的作者藤卷忠俊的母校为上智大学。2012 年 10 月，犯人渡边博史在藤卷的母校放置了危险物品，并威胁相关企业和活动会场终止漫画的相关宣传活动，1 年后犯人被捕。

你痛苦是因为你自己不行？

这些人凭借很多琐碎因素，兀自确定自己是不擅长社交的人。他们虽然自认弱者，但不一定同时觉得自己是受害者，他们没有反抗和不甘心。导致这种情况的理由之一，是现代社会里的"敌人"是无形的，无从寻找、无可触摸，没有具体的形象。折磨尼特青年和穷忙族的敌人，已经不再像资本家和政客那样拥有明确的面孔。**这些青年头脑中只有一种模糊的意象，而导致他们痛苦的元凶，是整个"新自由主义"的制度结构，这种结构提出了压迫人的行为规范："责任在你自己，你痛苦是因为你自己不行。"**

"责任在你自己"的逻辑被年轻人心甘情愿地内化，从内心深处折磨着他们。他们自认是低劣的存在，无法履行责任，徒给社会添麻烦，这使他们无法以受害者自居，以为自己便是施害人。**无论他们受到怎样的剥削压迫，都不会去游行，也很难产生"改变社会"的想法，这是因为他们意识不到自己是受害者。**

由此，他们看不到自己的存在意义："我活在

自伤自恋的精神分析

世上有意义吗""我为什么而活"。从事无家可归者救援活动的汤浅诚将这种意识称为"自我排斥"。

我希望他们能拥有一种健康的自私心理。健康的自私像是"积极的受害者意识",当他们痛苦的时候,不要一味自责,不要怨咎自己无能,要去批判让他们痛苦的社会制度,去抨击纵容这种社会制度的政治家。

我诊疗过的二三十岁的茧居男性,很多人经常会对自己进行非常激烈的詈骂:"我活着没有任何意义,纯粹是个垃圾","我这种人早咽气早好",等等。我问他们,为什么这么想。"我一事无成,在这个社会没有立锥之地。没有价值的人不配活着。"他们这么说。

"我觉得你头脑聪明,有社交能力,完全可以走上社会。"我回答。他们听后,往往生气地提高嗓门:"别糊弄我了,你以为我会相信吗?我这种人不可能进入社会。"之后,**他们会反复自我否定,强调他们是无能无用的废物**。

若是夸奖他们,他们会生气。反过来如果我说"你说得对,你已经没救了,就是个废物",他们也会不信任我。如果我说"你太麻烦了，爱怎么想就怎么想吧"，用这种话抛弃他们很简单，但我是医生，不能做失职之事。这种时候的妥当回复，是使用"我讯息（I message）[1]"——我理解你想自责的心情，但是我不能同意你。当然，这样一句话并不能说服他们，但有了这句铺垫，我们的对话至少还能继续下去。

进入 2000 年后，说这种话的患者越来越多。"我还是消失了为好，反正没人在意。"听到这种言论，我们一般想到的都是先反驳对方，或鼓励对方振作。但实际上，经常说出自我否定言论的人往往不接受他人的反驳、安慰和激励。

说老实话，我不讨厌这种"难以说服的麻烦人"。因为在我看来，**他们之所以反复自责，只是因为"我本该非常重要，非常有价值，所以我才自责"**。我不会说服他们，也不会罗列道理告诉他们无须自责，我会说"跟我说说，最近你觉得有意思的事情是什么"，或者"我有点儿担心你，下次预

1　"我讯息"是美国心理学家托马斯·戈登提出的沟通技巧，使用"我讯息"可以在保持良好人际关系的同时，更容易将自己的想法和请求传达给对方。

　　　　　　　　　　　自伤自恋的精神分析

约你一定得来哦"。对于我的这种态度，也许有人认为，我没有认真听他们的话，太敷衍。不过很神奇，听完我的话后，没有一个人会生气。他们虽然嘟囔"这种治疗毫无意义""我来也是白来"，但通常还是会老老实实地定期来医院。我对这种傲娇态度心存好感，所以不会刻薄地说"你说过治疗没有意义，现在不也来了吗"。**我的信念是"比起他们说的话，我更信任他们的实际行动"。** 从这个角度看，他们说的话也许自相矛盾，但实际行动的逻辑是清晰的，没有矛盾之处。

人人都有可能成为"茧居者"

长年以来，我作为1名精神科医生专职负责"茧居者"。"茧居者"，是指不参与社会活动的时间长达6个月以上，不参与的第一原因并非精神疾患。据内阁府推定，现在日本国内的茧居者已超过100万人。而据我观察，社会原因导致的茧居者实际超过200万人。有些茧居者和保护人都进入老龄阶段，俨然成为社会问题。

在外人眼中，导致个人变成茧居者的契机，

多是小挫折。然而一旦进入茧居状态，即使茧居者本人有重新走入社会的意愿，也很难以自身力量脱离茧居状态。有些人的茧居状态长达几年甚至几十年。一般来说，茧居者原本就缺乏自我认同，长期茧居状态会进一步导致自我价值感和自尊趋向低下。反过来说，有一定自我认同能力的人，通常不会长期茧居。

经常有专家认为茧居者视野狭窄，有认知障碍或偏执人格，还有人主张茧居是一种疾病。而根据我30多年的临床经验，我从来都不信茧居者有相通的特有病理。相反，我更想倡导，我们应该把茧居者看作"正处于困境的正常人"。从根本上说，拒绝上学和选择茧居是对校园霸凌、职场欺压和高压的工作环境等"异常情况"做出的"正常反应"。从这个意义上说，不论家庭环境、时间、地点和年龄差异，人人都有可能成为茧居者。

正因为是"正常人"，茧居者其实很清楚自己给家人添了负担，并遭受社会大众的谴责。由此他们的自责情绪加剧，自我否定的想法越发牢不可破，才导致他们说出"我没有价值，活着没有意义"。无论周围之人如何竭力劝慰，他们也无法释怀。

　　压在他们头上的，是"不工作活该没饭吃""要求权利就必须履行义务"的价值观，他们在受着"你先啃光了父母的财产，现在又要变成靠社会福利救济的寄生虫吗"这类质问的折磨。虽然我一贯否定这些价值观，但无法否认，这些正是大众社会中难以撼动的共识，有其"正确"的一面。正因如此，"茧居"也就成了可耻的污名。

　　这里所说的污名，指的是社会强加给个人的负面烙印或不良标签。除了精神疾病外，其他诸如精神病院就诊史、领取低保救济金或残障抚恤金的经历等，都会被污名化，并引发社会歧视。

　　人主动内化的污名，是"自我成见"。有了自我成见后，人往往会给自身烙下刻印，为自身的存在而感到羞耻，着力自我贬低。如果自贬意识过分强烈，人就会主动预测自己进入社会后将陷入困境，从而丧失进入社会的意愿，无法迈出向前的一步。这个道理同样适用于许多茧居者。正是因为这种自我成见，他们才批评、贬斥和否定自己。毋庸赘言，这种自我成见强化了"自我伤害式自恋"中自我伤害的部分。

我反复听到这种发言，如"茧居生活毁了我的全部人生""我这个人毫无价值""我不配活着"，从中我注意到一件事：

这些言论的基础是"关于我毫无价值这件事，我自己是最清楚的，并不想听到他人的反驳"。对发言者来说，这几乎成了他们的信念或坚定不移的确信。"我是个废物，在这件事上我最有自信，其他人都不行。"所以其他人的鼓励往往适得其反，会惹怒他们。

并非只有茧居者这么说。在我的印象中，很多有情绪问题的年轻人都"厌恶自己"，且这类情况并不局限于年轻人。如今，在互联网上和书名中随处可见"自我肯定（自我认同）"这个词（在亚马逊网快速搜索了一下，数量之多让我吃惊），说明无数人在为"自我认同"而烦恼，反过来也证明越来越多的人无法坦率地"喜欢自己"。

话虽如此，很多人会以为，"厌恶自己"的人不都是这个差距悬殊的社会中最底层（或自认为最底层）的人吗？但实际上，有些获得了社会高度评价、拥有良好社交能力、收入颇丰的"成功人士"，也反复说过自厌的言论。

自伤自恋的精神分析

某女士事业有成，在外人看来，她有良好的社会地位、事业成就和人生目标，经常与社会阶层很高的人共进晚餐，看上去人脉广阔、善于交际。实际上，她缺乏自信，常陷于"我干什么都不行"的观念中走不出。在我询问时发现，她经常得到别人的赞美。她的外貌和工作成就，确实已达到令人羡慕的水准。不过，她不相信别人的赞美出于真心，无论听到多少，她依旧对外表和工作缺乏自信。

　　尽管缺乏自信，她还是经常外出应酬，这让人困惑。一般来说，真正缺乏安全感的人不喜欢与不熟悉的人外出吃饭。她一边烦恼自己格格不入，不配出现在那种场合，带着强烈缺乏自信的自我认知，一边依旧在外人面前表现得落落大方，她本人似乎并没有意识到其中的矛盾。更确切地说，她似乎下意识地忽略了这种矛盾。她充满知性，逻辑思考能力也不像有问题，本应自爱自信的她，实际上却缺乏满足感，始终在烦恼"自己真的不行"。

　　在参与诊疗的过程中，我一直在想，为什么别人眼中的她和她眼中的自己，会有如此巨大的差距。在倾听她成长过程中的种种细节后，我逐渐看清了原因。从小到大，她一直处于母亲的斥责否定之下，几乎没有得到过母亲的表扬。长年的被否定破坏了她对自我价值的感知能力，无论取得什么成就，都无法肯定自己。幸好她头脑聪慧，不乏社交能力，通过努力工作掩盖了自信的匮乏，拥有了名人地位。尽管如此，无论她多么努力，做出何种成绩，依旧没有自信。

这名女士的案例，其实是我参与治疗的几个案例的虚构合成。不过，这些案例有着惊人的相似之处，尤其是"从小到大没有得到过母亲的赞美肯定"，"美貌且社会地位很高"，"无论多么受人尊重，内心依然不自信"。

拥有很高的社会地位、事业有成但缺乏自信的人不仅仅是女性。

2014 年，我为某杂志采访了热门漫画《进击的巨人》的作者谏山创。令我印象最深之处，是谏山先生的"缺乏自信"（这是 8 年前的事，也许现在情况有所改变）。

缺乏自信和谦虚不同。谦虚的基础，往往是强大而安定的自信。谏山作为漫画家非常成功，发言却心虚无力。即使在正式采访中，他也不断强调"我只是运气好而已""现在的我照旧没有自信"之类的话，并坦承他从少年时代起就有自卑情结，还说正因为他确信"这辈子都不可能变成正常人了"，这种"信念"和"愤怒"才成了他创作的动力。他还说自己"随时可以变成家里蹲""永远都成不了'现充'""喜欢桃色幸运草[1]却不想和她们见面"。他自信匮乏的状态如此严重，以至于我会怀疑他对幸福生活怀有恐惧。[2]

《进击的巨人》漫画目前全球销量超过1亿册，改编成动画片和电影后，漫画至今拥有极高人气，毫无疑问已是传世经典。可以说，谏山先生年纪轻轻就已成功，"走上了漫画界巅峰"，但是为什么他仍然没有获得完全充实的自我认同感？顺便说一句，他在接受采访时，《进击的巨人》已被拍成动画片，漫画销量超过2000万册，可谓人气鼎盛，他并不是因为新手刚刚出道才不自信的。

也许有人会说，自杀的作家和艺术家很多，在创作者当中，像谏山先生这样的并不少见。若是从

1　日本女性歌手偶像组合。
2　以上发言均摘自采访文章：《BRUTUS》，2014年12月1日号。——原注

这个角度切入，那就说来话长了。简单来讲，自杀欲求未必等于自卑。芥川龙之介、太宰治和三岛由纪夫真的是"缺乏自信的软弱作家"吗？

自杀通常被认为是不稳定、冲动情绪的行为化，而谏山先生的"不自信"似乎相当稳定，无可动摇。这种"纵然取得巨大商业成功也无法改变不自信"的作家在亚文化领域尤为常见。我想到很多名字，已故漫画家山田花子、当下日本电影的领军人物庵野秀明，以及摇滚乐队"神圣放逐"的大岛亮介。

有些扯远了，总之我想说的是，社会地位和成功的事业看似能赋予人坚如磐石的自信，有时却并非这么简单。

他们始终会说些自我否定的话，这些话不像"我想死"或"想消失"这类是在表达求救情绪，自我否定的词语更是一种持续不断的自我伤害，以语言为伤害手段，借此从愤怒、焦虑、过度紧张和抑郁情绪中逃离。我渐渐觉得，他们不断把否定性的话语投掷到自己身上，以此勉强维持情绪的平衡，让自己不至于倒下。

他们之所以强调"我知道自己毫无价值，关于这件事，我比谁都有自信"，是因为不希望就连这份自信也被他人否定。所以我认为，他们并非不够自爱，而是有着强烈的自恋，这种发言就是一种彰显自恋的自伤行为。理由之一就是，**他们时刻在想着自己，或在思考别人是如何看待自己的，无法停止拿自己与他人做比较，无法停止"我不行""和某某相比我一文不值"之类的自我贬低**。从这个意义上说，**他们始终把自身放在思考的最中心**。如果这样的话，这意味着他们对自己有过于强烈的关心，即使是负面的、否定形式的关心，也毫无疑问属于自恋的一种形态。

发现"自我伤害式自恋"

我把这种自相矛盾的感情称为"自我伤害式自恋"。下面我来解释一下为何如此命名。

后面的章节也将谈到，"自恋"这个概念在精神病学中是一个带有负面意味的术语，例如"自恋型人格障碍"（NPD）和"自恋型人格"这两个诊断名称。然而从本质上讲，我们为了保持内心安定，健康的自恋不可或缺。事实上，**自恋本身甚至可以**

说是"我们生存于世的必需条件"。

一个人一旦进入了"我是废物"的情绪循环当中，即使有他人劝慰，也很难轻易改变想法，反而会不断寻找理由，自主强化"我是废物"的结论。

尤其在东亚社会中，一旦事情出现问题或进展不顺，人们总认为是自己的责任。无论是拒绝上学，还是茧居不出，绝大多数当事人都有非常强烈的自责倾向。有些茧居者会认为是父母的过错，但我认为这也是一种自责，并非他责，因为**他们并没有把父母家人看作外人，而是当成了自身存在的一部分**。除了茧居之外，以拒绝上学为例，欧美和东亚的情况大相径庭。在欧美，大多数不愿意上学的人会找理由说"我不上学是因为学校太无聊了"；而在东亚，拒绝上学的人往往抱有"我想去上学，但就是去不了"的内心纠葛与恐惧。其实说起来，日本拒绝上学的人群中，本应有更多人对政府的教育宗旨和学校制度心怀不满，20世纪七八十年代就有不少这样的学生，但是现在这种人很少见到了。

"我这种人纯粹是垃圾，一文不值，活着也没有意义"，说这种话的人，会渐渐失去朋友而变得孤立。周围的人和朋友起初也许会表示不同意，"不要这么说啊"，并尝试指出此人的优点，加以鼓励。但这些鼓励并不能轻易改变其根深蒂固的自我否定，这些鼓励还会被此人一一反驳，导致他周围的人逐渐不胜其烦，便开始远离此人。这与自残行为相似，自残行为会在一段时间内吸引他人的注意，多次自残之后，他人就会觉得麻烦而放弃并远离。

尽管如此，我希望大家能记住：**认为自己一无是处的人，内心其实非常痛苦无助。**他们无法与他人建立关系，在职场或学校中被孤立，就算有人伸出援手，也无法顺利交出自己的手。他们被周围之人视为难缠的异物，避之唯恐不及，由此导致他们陷入消极的恶性循环，甚至与家人断绝关系。

我之所以将这种状态命名为"自我伤害式自恋"，并提醒大家多加注意，是因为这种自相矛盾的心理普遍存在，但大多数人对此既没有认知，也不重视。这种心理状态在青少年中极其常见，比如他们会一边指责父母，一边否定自己；嘴边挂着想死，依旧顽强地活着；他们不仅否定自己，还蔑视他人；等等。这种心理状态并没有得到社会的充分理解。

有些专业人士把"他们"自我否定式的发言当真，把自恋和自我认同混为一谈。例如，有些孩子看似自私，一切以自我为中心，把父母指挥得团团转，许多专家会将这种孩子诊断为"自恋型人格"，但专家似乎没有意识到，这些看似自私的行为背后，隐藏着令人震惊的强烈自我否定和自我厌恶。诚然，这些行为可能难以识别，其中存在着两重扭曲：孩子因为自恋而自辱，又将自辱的原因归于父母，向父母提出很多超出常理的要求，由此显得任性而自私。

　　我想在此重申，在青少年时期，这种"自我伤害式自恋"，是自恋的一种变形，是普通常见的情绪，根本谈不上"病态"。我写这本书的理由之一，就是希望人们意识到这一点。

　　理由之二，是希望人们认识到这种"自我伤害式自恋"之后，去思考如何应对。在精神科的医疗现场，这些持续自我否定的患者往往给医护留下"难缠"的印象，就连后援者也觉得麻烦而避之不及。同时，患者经常自诉"我还是死了的好"，由此被医生诊断为"有强烈的求死欲望"，医生会建议患者服药或住院治疗。对此我的意见是，这种

　　　　　　　　　　　　　　　自伤自恋的精神分析

"自我伤害式自恋"型的诉求并没有太高的医疗紧急性。患者诉求的背后有其深重背景，不是一句"太麻烦了不用理睬"就能打发过去的。

稍后我将提到，我认为自我伤害式自恋最常见的起源，是扭曲的亲子关系，其次是青春期包括遭受霸凌在内的创伤经历。即使没有明显的被霸凌和被骚扰等内心创伤，也可能因为在学校里长期处于底层，自尊慢性受损，从而导致了自我伤害式自恋的形成。不仅仅是茧居者，用自我污名化来做自我伤害的患者也有很多，这类问题因为看起来很轻微，往往不被精神科医生所重视，不一定能得到诸如抑郁症或精神分裂症之类的明确诊断。从这个意义上说，自我伤害式自恋是一种"亚临床"状态，即使无法明确诊断为"需要治疗"，依旧需要外界的关护。本书的目的是阐明这种自我伤害式自恋的症结，写一些目前可行的处方笺。

理由之三是我非常关心当事人。其实我有一个担忧："自我伤害式自恋"这个词会不会进一步伤害那些正在用语言的利刃做着自残的人呢？确实有很多人通过自我污名、贬低和批判，费尽力气在这个世界为自己找到了容身之处，如果有人告诉他们，他们自我侮辱的动机是出于自恋，有些人可能会感觉受到了不公正的伤害，对此我很抱歉。但我仍然坚持"自我伤害式自恋"的说法，因为"爱自己"完全不是一件坏事。正如我将在下一章讨论的那样，**自恋是我们活在世上不可或缺的情绪，甚至是健康的标志**。承认并培养潜藏在每个人心中的自恋，比浅薄的"自我认同"要好得多。我希望那些贬低和批判自身并为之痛苦的人能够认识到，他们自责的根源在于"想珍重自己"。我衷心希望他们意识到这一点之后能更好地照顾自己、珍视自己。

第一章

自恋是坏事吗

只要是自我贬低，无论我说得多么难听，

他人也不会受伤，无人对此不满，

我是此时唯一的存在，

我通晓自己的全部弱点和缺点。

一直被用作贬义词的"自恋"

正如我在前言中介绍的,很长一段时间里,"自恋"这个概念在传统的精神医学中没有被认真看待,它似乎更多用来表达负面含义。

最典型的是,有一种病名就叫作"自恋型人格障碍"。

根据美国精神医学会(APA)编写的诊断标准"DSM-5",自恋型人格障碍似乎指的是以下这样的人:他们通常自我夸大,坚定不移地认为自己是极其重要的人物,过度评价自己的普通业绩和才能,期望得到周围的赞扬;他们确信自己理应得到无限的成功、权力、才华和美貌,或者理想的爱;他们认为自己异于常人,理所应当从同样超凡之人那里得到认同，或建立关系，无论走到哪里，都应该得到高评价，被郑重对待；因此，他们总是表现得傲慢自大，同时不重视他人感受，缺乏同理心和关怀，认为为了自己的目的可以利用他人。此外，他们有深重的嫉妒心，且总觉得别人也在嫉妒他们。

看完上面这些描述，大家感觉如何？这确实是一种令人厌烦的人格特征。所谓的"人格障碍"，是将"令人厌烦、让人困扰的性格"进行了12种分类，自恋作为其中一部分，被人讨厌并不奇怪。总的来说，如果我们闭眼浮想一个彻底自私的人，此人大抵适用"自恋型人格"的诊断。然而我要指出的是，我从医几十年，几乎没有对患者做出过这种诊断。数十年前曾有过可能符合的一例，但这样的案例实在是太少了。也许在欧美有更多这样的情况，我不能确定。在现代的所谓"名流"圈中，可能存在这样的人，因为如果四周的环境足够能容忍他，傲慢自私便会应运而生。对于这种情况，诊断是多余的。毕竟，人格障碍诊断的成立条件，是当事人或周围的人在为此烦恼。

我们在批评美国前总统特朗普的话语里经常可

自伤自恋的精神分析

以看到"自恋型人格"这个词，可见此诊断名多么容易被用作贬义。

想必大家都知道，特朗普于 2017 年就任美国总统伊始，连日发表过激言论，引发了混乱。特朗普上任一个月后，美国精神医学学会属下的 35 位医生和专家联名签署公开信，发表在《纽约时报》（2017 年 2 月 13 日）上。部分专家怀疑特朗普也许是"自恋型人格障碍"患者，信中指出："由于特朗普总统的言行表现出严重的精神不稳定，我们有理由认为他无法安全地履行总统职责"，以此呼吁特朗普主动辞职。

美国精神医学学会有一项名为"戈德华特守则"（Goldwater Rule）的职业道德守则，规定精神科医生只有亲自诊断患者后才能做出诊断结果，禁止精神科医生对自己未做过诊断的公众人物发表专业意见或讨论其精神状态。发表公开信的精神科医生们明确表示，他们必须打破这个规则并大胆发声。

2018 年，多位著名精神科医生和心理学家合著的《唐纳德·特朗普的危险个案——27 名精神病学家和心理健康专家的评估》（*The Dangerous Case of Donald Trump: 27 Psychiatrists and Mental Health*

Experts Assess a President）出版。这类公开信和出版物遭到了批评，但也得到了很多人的支持。由此可见，许多人对特朗普的言行感到了不安。

不论如何评价特朗普，这几个事例确实揭示了精神科医生如何看待"自恋"。总的来说，以下的倾向会被评价为自恋：**多次重复以自我为中心的言论，夸大赞美自己的实绩，不能忍受任何批评，受到批评后会激怒并辱骂对手，出了问题会把一切责任推嫁给他人。**

我不想从正面对这种看法唱反调，但我担忧这种控告行为会普遍化，变成"以精神障碍为理由解雇要职"的理由。首先，使用字面上的贬义诊断病名，以及以病名为根据判断某人不适合一项工作，这种做法用在普通人身上，就是歧视和偏见。尤其是以病名为根据判断某人不适合一项工作的做法，是在基于诊断去预测未来可能发生的问题，是一种肯定"预防拘禁（以预防犯罪的名义限制精神障碍者活动）"的做法，这个思路本身，需要谨慎对待。最终，以上美国医生的指控虽然一度成为热门话题，却并没有给特朗普政府带来任何实际性的影响，反倒让人确信了一点，那就是精神科医生不该涉足专业领域之外的政治事务。

这些情况当然不仅限于美国，日本基本也一样，"自恋"大多被使用在相似的语境之下。最常见的情况是，人们在评论名人或罪犯的问题行为时，认为这些人虽然无法被诊断为精神病，但实际上非常惹人烦，所以常常给这些人贴上"自恋"的标签。**在日本的精神医学领域，"自恋"通常被认为与"自私自大"同义。**至少在书籍或论文里，我很少看到有人把"自恋"一词解释成正面的、积极的意义，通常都用在负面的语境里。

尤其让我疑虑的是，专家们经常认为茧居者是自恋型人格障碍患者。确实，茧居者在家庭中可能表现得非常自私专横，把父母指挥得团团转，让父母为他购物，向父母索要金钱后挥霍浪费，父母若不配合，他们甚至会使用暴力。但在与他们见面并聆听他们的话语后，这些表面印象几乎都会大为改观。他们通常对自己的态度感到愧疚，厌恶自己的态度和行为。也就是说，他们面对家人和尚未建立信任的他人时，会说一些责他性的话，实际上他们内心对事情有善恶基准，能够对自己的所作所为做出善恶判断，并能在一定程度上客观地看待自己。

因此，与茧居者建立了牢固的信任关系之后，我还没有见过他们出现过符合"自恋型人格障碍"患者的行为。也许是我阴暗度人，我觉得这些诊断的背后，可能反映了精神科医生和后援者对茧居者的负面感情。因此，我自己非常慎重使用"自恋"一词，即使使用，也希望尽量表达出这个词正向而积极的一面。

精神分析中的"自恋"

"自恋"（narcissism）这个词由来已久。性心理学家哈夫洛克·埃利斯[1]在1889年用"narcissism"描述了沉迷于自慰行为的女性。德国精神科医生保罗·内克[2]读过埃利斯的论述后，为"narcissism"引入了"自恋"的涵义（1899年）。西格蒙德·弗洛伊德读过内克的论文后，在《性学三论》中使用

1　哈夫洛克·埃利斯（Henry Havelock Ellis，1859—1939），19世纪末至20世纪初英国著名的性心理学家、思想家、作家和文艺评论家，代表作有《性心理学》。

2　保罗·内克（Paul Näcke，1851—1913），德国精神病学家。弗洛伊德认为其是第一个使用"自恋"（德语: narzissmus）一词描述性变态的人，即个人将自己的身体作为性对象。

了"自恋"一词（1905年）。由此，精神分析理论的奠基人弗洛伊德在解释人类心理时，系统性地使用了"自恋"的概念。弗洛伊德提出"自恋""原始自恋""继发自恋"等概念，我们来简单了解一下。

所谓"原始自恋"（primary narcissism），是指新生婴儿在尚且无法区分自我与他人的阶段，将欲望都投射到自己身上。吮吸手指便是典型的自恋表现。尽管最近的研究表明，婴儿很早就能够认识外部对象，弗洛伊德的理论在这方面可能存在缺陷，不过很多意见依旧认为，假定哺乳期婴儿存在这种向内封闭的欲望，对理解后来的各种病理是有参考意义的。我自己也认为，如果把"继发自恋"看作"原始自恋"的派生物，这种思路有利于我们理解"自恋"和"恋他"的嵌套关系。

婴儿最初投射在自己身上的力比多（性能量），会逐渐转变成对外界他者的爱，但当对该对象感到幻灭时，此能量会再次转向自身。我们日常认知中的"自恋者"的形象与此相似。从无法区分自我与他人的"原始自恋"阶段上了新台阶，即重新发现自我，认定自我即他者，像爱慕他者一样爱慕自我，这称为"继发自恋"（secondary narcissism）。

继发自恋通常被认为是退化和病态，但弗洛伊德不这么认为，他认为这是人与生俱来的精神构造。然而，他又将精神分裂症称为"自恋神经症"，理由之一是因为力比多投射到自身后，会导致无法转移到他者。这个理由太牵强了。我想，没有哪个现代的精神分析医师会同意这个观点吧。必须指出的是，精神分裂症是一种自杀风险极高的精神疾患，基于这一点，我认为没有充分的理由认定他们特别自恋。

本书所谈的"自恋"，可以看作"非病理性的继发自恋"。 从表达方式而言，它更温和，类似下意识的自我认同、自尊、关爱自我等。成熟的自恋建立在明确区分自我和他者的基础上，这一概念与我即将提到的科胡特[1]的观点相似。

我一直觉得将"继发自恋"视为病态和退化的做法，导致了现在精神科临床中对"自恋"的低评价。但我想再次强调，如果将"自我认同"和"自尊"视为自恋的成熟形态，那么我们可以认为自恋

1　科胡特（Heinz Kohut, 1913—1981），精神分析中自体心理学派创始人，代表作有《自体的分析》《自体的重建》。

至关重要，是人活在世上不可或缺的要素。

雅克·拉康将弗洛伊德的精神分析哲学化，做了系统性的扩展。在拉康看来，自恋即未成熟。

由于神经系统发育不完全，新生婴儿无法区分自我和他者，无法捕捉自己身体的具体形象。婴儿长到 6 至 18 个月时，终于开始对镜中的自己产生兴趣。为什么婴儿可以毫不迟疑地将镜中的形象认定为自己？拉康认为，母亲做出的保证，是婴儿产生认知的前提。"对，那就是你"，经由母亲的保证，婴儿确认了镜子中的形象就是自己。

通过镜子，把对身体原本零散分离的意识聚合到一起，婴儿获得了一个完整的直觉辨认，拥有了自己的形象，婴儿为此感到愉悦。拉康将其称为"镜像阶段"，认为经此产生的认知，是一个人获得的最初的智慧。

拉康认为，人从最初就受"镜像幻想"的支配。正如一个人用镜子来映照自己书写的文字时，文字将发生左右翻转，无法阅读，映照在镜中的人的面孔也存在着巨大的"虚假"。在拉康看来，人必须借助镜像，即幻想（谎言）的力量，才能成为"自己"。人无法用自己的眼睛直接观看自己，因此将镜中左右颠倒的形象幻想成自己，从而构建认知。在精神分析中，这有时被非常晦涩地表达为"自我只是主体在镜像阶段的想象性异化"。

只要还依赖镜像的力量，人就无法抵达真正的自我之姿。这个镜像阶段，成了想象界（也就是形象或曰"谎言世界"）的起源。

据拉康的理论，自恋的起源可以追溯到镜像阶段，"爱上镜中的自己的图像"＝"自恋"，这种"自恋"成为他否定的对象。然而，如果考虑到映在镜中的图像并非真正的自我形象，那么所谓的镜像阶段就是一个过程，即将真正的自我和左右颠倒的图像同一化，并逐渐忘记此中的区别。

"自恋"一词来源于希腊神话中的俊美青年那喀索斯（Narcissus）的故事。那喀索斯的美貌让女性倾倒，包括森林神女厄科（Echo），但他对这些女性态度冷淡，厄科失意之下，逐渐消瘦，直至身体消失，变成了只有声音没有身体的存在。那喀索斯的自负激怒了复仇女神涅墨西斯（Nemesis），她对那喀索斯施下诅咒，让那喀索斯去泉水边喝水时，爱上水中映照出的俊美青年的倒影，也就是他自己的形象。那喀索斯迷恋倒影，无法离开水边，最终憔悴而死。他倒下的地方盛开出的黄色花朵使用了他的名字"Narcissus"（水仙）来命名。

在这个故事中，那喀索斯将镜像视为他人，而非自己。换句话说，自恋从起源时，恋的就并非自我，而是执着于"与自我相似的他人的形象"。此处的"相似"不基于任何标准或制约，究竟有多相似，纯粹属于主观判断。

从这里开始，拉康认为，被视觉图像所迷住在一定程度上是自恋心理在起作用。**形象的世界包含了镜像阶段的起源，形象的世界即想象界，其开端就与自恋深刻联系在一起。**所以有些人沉浸在只属于自己的想象之中，往往会被认为很自恋。而"宅男"之所以给人留下负面印象，也源于此。当然，宅男的自我意识很难简单概括，其中也包含了本书的主题——自我伤害式自恋。

顺便说一下，"与自己相似"这件事，除了有时让人产生强烈的依恋，也会带来强烈的攻击性。例如，弗洛伊德提出过"微小差异的自恋"这个概念。外表或性质完全相悖的人之间很难产生敌意；

而相似的人之间反而更容易产生敌意。由于相似，人更执着于其中微小的差异，试图从中找出自己更优越的证据。这是一种与"近亲憎恶"类似的情感。

比如说，我们看到好莱坞明星的花边新闻会觉得有趣，很少产生嫉妒，然而若是本国明星身陷丑闻后，就有可能遭受群众的嫉妒或憎恶，从而遭到严厉批评或阻挠。这个例子很好懂，说明我们更容易在同胞身上发泄强烈的攻击欲，其深层原因在于一种"如果我是他，我会做得比他好"的同一化的想象力，而这正是自恋的产物。

沉浸于自恋的人，通常被认为容易受幻想蒙蔽。近些年来常见的坚信荒唐无稽的阴谋论的人，也被认为拥有强烈的自恋。这些人不愿相信传统媒体报道的事实，希望自己能超越普通大众的认知，这种愿望本身就是自恋。人们往往喜欢走捷径，投身于自恋，是最容易获取快速满足的简单渠道，至于这一点，稍后我们会详细讨论。

对于拉康在自恋方面的贡献，我认为其价值在于他看透了一些似乎与自恋无关的现象或行为中也隐藏着自恋。例如，某位小说家以其非常独特的文风而闻名，他在某次对谈中表示："我从未考虑过在文章中展现自我，有人说我文风独特，这是我没想到的。"作为精神分析者，我读到这种毫无防备的发言后想说"这正是典型的自恋表现"。当然，这并非贬义。事实上，"不自知地做出自恋举动的人"往往更容易被他人喜爱。

"讨厌自己"的精神分析

没有拉康的理论做基础，就没有本书提出的"自我伤害式自恋"的概念。毕竟这涉及一种颠倒——越是说出"我厌恶自己"的人越可能是自恋的。遗憾的是，拉康派只在提到与"阉割"（castration）的关系时言及"自恋"，并未理论性地探讨自恋的功过。相反，很多拉康研究者似乎对"自恋"一词持批判态度，因为此类倾向于神秘学、生命哲学，过分强调包容与和谐的理论都很容易招致批判。

例如，从拉康派的立场来看，荣格派的讨论看起来就非常自恋，北美的自我心理学也一样。拉康派对他人的自恋没有仁慈之心。说实话，我过去很痴迷他们这种毫不留情的锋芒，但在后来我注意到一些讥讽性的事实：他们一再批判他人的自恋且毫不留情，这种行为本身难道不是更加自恋吗？仿佛捉鬼人自己变成鬼。被他们贬低为"过分自恋"的学派，实际上看待弱者的方式更加温和、更加尊重。

也许这里包含着一个问题，即"自恋＝坏事"的定义过于简单了。我想再三重复，人不自恋则无法生存。就算世上存在着彻底去除自恋的纯粹理论，即便这种理论是真理，也无法成为人赖以生存的食粮。因此我认为，我们需要在"人不自恋则无法生存"的大前提下重新正面积极地认识自恋。

或许有人认为，是"自恋"这个词本身不太好。确实，"自恋"似乎与"爱他者"相对立，而"自我认同感"或"自尊"之类的词更容易接受。还有观点认为，干脆全部统一称为"爱"也不是不可以。

但是，"自我认同感"一词未免太过狭隘。因为自恋具有多义性，其中包括自我否定，这种多义性非常关键。另一方面，仅仅是"爱"的话则过分宽泛，很有可能会被立刻认定为"面向他者的爱"。如果我们用日常熟悉的词语来表达，既要多义，又需要有限定性，"自恋"一词的通用性就很难割舍。因此在本书中我打算继续统一使用"自恋"。

尽管弗洛伊德和拉康派对自恋持否定态度，也有一些分析家持肯定态度。埃里克森、哈特曼、温尼科特[1]等人便是。罗列理论太过繁琐，本书就不详细涉及了。值得一提的是，在日本的精神分析学者中，小此木启吾对自恋持否定态度，而土居健郎认为自恋心理是自爱而得不到满足时出现的症状，而"自爱"本身是健康的。我基本同意土居的见解。

在这里，我想介绍一下海因茨·科胡特的自体心理学。科胡特认为，健康的自恋对人的心身健康至关重要。之前一直被视为负面情绪的自恋，在科胡特的理论中，是健康的成年人不可或缺的要素。我的自恋理论在很大程度上借鉴了科胡特的观点。

1913年，科胡特出生于维也纳一个富裕的犹太人家庭，是家中独子。24岁时，他接受了奥古斯特·艾希霍恩[2]的教育分析理论，25岁时取得维也纳大学医学学位。1940年，27岁的科胡特移居

---

1 三人均为著名的精神分析学家。埃里克森提出人格的社会心理发展理论；哈特曼致力于自我心理学的研究；温尼科特研究客体关系理论。

2 奥古斯特·艾希霍恩（August Aichhorn，1878—1949），瑞士精神病学家、精神分析学家及少年犯罪研究者。他主张"用爱的奖赏来促使少年犯罪者变成被社会所接受的人"。

美国，在芝加哥大学医院神经科担任住院医师的同时，还在芝加哥精神分析研究所接受培训，34岁时成为芝加哥大学医学院的助理教授，确实是一个超凡的知识精英。40岁时，他成为芝加哥精神分析研究所的工作人员，1964年时担任美国精神分析学会的会长。受科胡特理论影响的人被称为科胡特的追随者，遍布世界多个国家，在日本也曾风靡一时。虽然他没有创造出全新的治疗方法，但他为自恋心理做了非常缜密的理论化处理。

自我与客体之间的理想关系

科胡特认为，人的一生即自恋成熟的过程。在健全自恋的成熟过程中，至关重要的是像感知自己身体的一部分那样去感知他者，即"自体－客体"之间的关系。对于婴儿来说，母亲是原初重要的"自体－客体"。随着成长，父母、兄弟姐妹、朋友、恋人、伴侣、同事等身边重要的人也可能成为"自体－客体"，甚至毛绒玩具等无生命事物，也可以被当作"自体－客体"。

通过这种"自体－客体"的关系，儿童得以强化各种能力，学习各种技能。例如，通过模仿母亲的行为，儿童会变得自律，逐渐学会保护自己等。科胡特认为，儿童发展出这些能力，并不仅仅是通过一种匿名性、机械的学习，而是从关系和归属性中吸收了能量。

人通过"自体－客体"的关系，习得并强化了活在世上所必需的各种能力。人若想成长——想让自恋成熟，必须遭遇各种各样的"自体－客体"关系，这种学习和吸收的过程被称为"转换性内化"（蜕变的内化作用）。用食物比喻的话，转换即消化食物，内化即吸收营养、滋养血肉。客体在这个过程中自然没有受到损伤，虽然在比喻中被消化吸收掉了，但实质上只是被模仿。

通过吸收他人的特质，人的自体变得更加复杂，构造变得更加稳定。科胡特说，人在成长途中的自体是一个单纯的双极结构，这个双极即为"向上的抱负心"和"理想"。抱负心和理想听起来似乎是一回事，但它们分管的是人生的引擎和目标。**如果只有目标而没有前进的动力，人无法前进；若是只有动力而没有安定的方向，事情是做不成的。**

人活在世上，需要以"抱负心"为引擎，朝向"理想"前进。

最初的"抱负心"，是因母亲的无条件认可而形成的。即使孩子夸大自体，比如说"没有我做不到的事，我太厉害了"，如果母亲不做否定或指责，而是表示认同，那就会将积极的态度反映或回响给孩子。科胡特认为，通过母亲肯定的积极态度，孩子的野心将转变为现实的、成熟的向上意志。这将成为双极结构中的"抱负心之极"。

相反的，如果母亲不能给予积极的反应，而采取不与孩子同感的方式，比如忽视或叱责，孩子就会受到深刻伤害，留下内心创伤，阻碍自尊心的发展与成熟，其结果会消解孩子的自信。更重要的是，孩子的自尊心会停滞在不成熟的过分夸大（"我太厉害了"）的自体阶段。科胡特认为，这种欠缺和损害会成为人格障碍的原因。实际上是否真的会发生这种情况尚不得而知，不过毫无疑问，儿童期父母的应对方式将对孩子的未来产生重大影响。

读到这里的人可能会有所感慨，"这是否过分强调了母亲的存在"，你的感觉是对的。科胡特理论经常受到批评，认为他提出的是"坏母亲理论"

（bad mother theory）。确实，如果夸大母亲在孩子儿童期的影响，那么孩子长大后出现任何问题，都有可能被归咎于母亲的养育方式。我认为这一点需要做若干修正。**与现代的依恋理论一样，对于孩子来说，重要的自体－客体不仅是母亲，也可以是父亲，扩展开来的话，毫无血缘关系的成年人都有可能担任这个角色。**

现在我们了解了"抱负心"一极，再来说"理想"。

通常，理想之极是理想化了的父母的形象。**孩子内心中理想的父母，正是像超人一样无所不能。**通过这种关系，孩子逐渐理解人生中理想的重要性，其结果就是，理想成为另一个极。

在这一发展过程中，科胡特非常强调"恰到好处的挫折"（optimal frustration）。如前所述，**父母会被孩子理想化，但父母做出的反应并不能百分之百符合孩子的期望。**孩子会因此感到某种程度的不满足。这种不满足反复出现后，孩子心中对父母这一"自体－客体"的评价会逐渐变得现实。同时孩子学会了在遭到挫折时做出自我安慰。这意味着，对孩子来说，**"恰到好处的挫折"有助于孩子**

的自我安定和成熟。

"恰到好处的挫折"适用于各种场合，尤其在父母育儿、成人与孩子打交道的情境中是一种有效的思维方式。比如迎合并满足孩子的所有需求，或者完全否定孩子的需求，这两种做法皆是错误的。应该在孩子的需求和父母的具体实际之间做协调，找出符合现实生活的妥协线。这可能会让孩子和父母都留下些许不满，但由此产生的"恰到好处的挫折"会促使人成长。不仅仅是孩子的成长，也有助于父母变得成熟。这种做法适用于亲子关系，也适用于患者和治疗者、学生和教师、当事人和后援者等诸多关系。

家庭之外的人际关系的重要性

上面我们了解到，尚未成熟的自体具有"抱负心"和"理想"的双极结构。然而，若想在现实世界中生存下去，这还远远不够。动力和目标固然可以推动人前进，但正确走向目标还需要各种技能。例如，一个人希望成为母亲那样的人，就需要走入社会，与他人沟通，学习各种知识和技能。朋友、熟人、前辈或教师等"自体－客体"可以提供某些家族成员提供不了的技能，典型的例子就是性爱。家庭无法传授性爱的技能（这与"性教育"不同），由此，我们必然要从家庭以外的地方，向其他人学习性爱。

茧居最让我担心的一点也是这里。**茧居者因为缺乏与家庭之外他者的联系，而失去了学习技能的机会。** 也许有人认为，"这些只要上网就能学到"。在某些情况下，网络确实是一种弥补方式，而我设想的"技能"，并不是纯粹的知识或手法。

基于科胡特的理论，抱负心、理想和技能都因人而异，需要被内化吸收。更确切地说，科胡特可能认为，抱负心、理想和技能只有通过真实的关系才能融入血肉进而实质化。也许当代人认为这种想法太过老派，但在新冠疫情时期，人与人的交往几乎都变成了线上交流，除了家庭内部成员之间，人与人的关系出现了前所未有的疏远，这让我越发感到科胡特可能是对的。

如果远离"家庭之外的人际关系"，人是无法成熟的。 当然，我不是在说人必须成熟，人不够成熟也能生存下去的社会当然是一个优秀的社会，不过，现在的社会中存在着很多"人若是成熟则可以避开"的痛苦，而长期茧居的人由于匮乏家人之外的人际往来，疏远了人际关系，似乎远离了成长的机会，由此引发的成熟困难，很可能会折磨当事人。茧居行为本身不是错误，茧居者并非精神病患者，但我依旧认为，我们不该忽视茧居生活存在的问题。

人通过从各种"自体－客体"关系中发展出包括技能在内的许多功能，自体构造变得复杂，逐渐稳定化，科胡特将其称为"融合性自体"。当然这还不是"融合性自体"最终的完成形态，作为一个动态的系统，它需要自体持续地与他人产生关系，不断地吸取他人的技能和优势，进一步提高自身的稳定性。

根据科胡特的观点，**人的自恋发展的最理想条件，是自体能在青春期和成人期里得到持续性的支持。特别是在青春期**，哪怕只有一个人无条件地支持你，也极其重要。如果欠缺这样的支持，自恋很难健康地成长和成熟。值得注意的是，**此处的支持指的并不是"在任何事上都赞同"**，更重要的是有人整体地接受了你的存在，有时表扬你，有时批评

自伤自恋的精神分析

你。"好友"或"恩师"可能就是这样的人，与他们的交往和沟通有助于我们的自恋变得成熟。

刚才我写了"哪怕只有一个人"，但最好是有多个对象。借用熊谷晋一郎[1]的名言"自立就是为自己创造更多可依赖的对象"，我们可以说，**自恋的成熟，就是为自己增加好的"自体－客体"**。当然并不是数量越多越好，只是从稳定性的角度考虑，多几个人自然是比仅此一人更好的。

科胡特将他的思想应用到治疗中，认为精神分析治疗的本质是"人在成熟大人的水准上，做到自己与对象达到共情性的协调"。这正是前面提到的"融合性自体"的概念。

高自尊，却低自信

茧居者经常把"我活着没有意义，所以想死"挂在嘴边。一般来看，这是自杀欲求，需要立即治疗，甚至入院治疗。然而至少我自己不会这么操作。他们说的"想死"通常意味着"痛苦到几乎想去

1　熊谷晋一郎（1975—　），日本医生、科学家，专研儿科。幼年时曾患脑性麻痹，此后一直生活在轮椅上。

死"，但有时候也意味着"太痛苦了，所以试图胡思乱想一下"。

尽管他们中的多数人口头表达了自杀欲求，所幸真正实施的人只是极少数。这是为什么呢？

在我的见解中，因为他们的自恋是"健康"的。

如果自恋被真正摧毁，人很容易走向死亡。我认为，抑郁症和精神分裂症之所以自杀率很高，不仅因为症状本身，还因为自恋遭到了严重破坏。**拥有健康自恋的人，即使在烦恼痛苦中"想死"，也不会轻易去死**。茧居者的自恋在这种意义上是健康的，尽管他们口头频频表达自杀欲求，实际上自杀率相对较低。如果把自杀欲求和自杀行为画等号，那么医生听到对方的口头表达后，不立即做强制性收容治疗的话会很危险。不过我不会因为茧居者倾诉"想死"，就立即让他办入院手续。

自我伤害式自恋在结构上有一些扭曲，但不能用"病态"来一言概之。关于这种扭曲，可以做出很多解释，最易懂的说法可能是"高自尊，却低自信"。

有人可能会问，自信和自尊不是一回事吗？严格来说，两者并不相同。**这里的"自信"指的是无**

条件地积极认同当下的自己，而"自尊"是对"我应该是个什么样的人"的执念。从精神分析的角度来看，前者被称为"理想自我"（ideal ego），后者被称为"自我理想"（ego ideal）。两者有时会共存，通常容易形成反向关系。有自信的人不会执着于自尊，而高自尊者实际上大多缺乏自信。如果自信和自尊都枯竭了，就意味着自恋正在崩溃，是危险的征兆。

在茧居者中，很多人是"高自尊低自信"。他们经常出于自尊心的原因而不愿意去医院或相关救护咨询机构。他们自矜地认为"我的头脑没有任何异常之处"，"难道我需要谁的救护吗，这种示弱的事我可不想做"。矜持的同时，**他们的自我评价非常低，即对当下的自己缺乏自信，紧抓理想中的自我形象（自尊心）不放**，因此迟迟不愿寻求救援。

对于他们的高自尊，愤怒或批判是无益的。类似"你要看清现实""放下多余的骄傲""计算得失"之类的话无益且有害。如果从自恋的角度综合考虑，**他们在用高强度的自尊来弥补枯竭的自信，竭尽全力做自我支撑**。综上所述，我想读者会有所理解吧，为什么我提倡尽量避免对他们做出轻率的批评或诊断，比如"自尊心过高"或"自恋型人格"。如果出于善意灭掉他们的自尊威风，或给他们点儿现实的颜色看看，有可能会极大损毁他们的自恋情感。

我要再次强调，自我伤害式自恋最易懂的构造，就是"高自尊和低自信"这对矛盾。高自尊，即过高要求自己"应该成为什么样的人"，导致只能否定现实中的自己。同时，他们具有"能够客观看清自己"的自信，这导致他们在他人面前不断自我贬低，来证明自己是"清醒而理智的"。

我也有过这方面的体验，"毫不留情地贬低自己"时，有一种奇妙的愉悦感。在那个时刻里，我全心全意地认为，只要是自我贬低，无论我说得多么难听，他人也不会受伤，无人对此不满，我是此时唯一的存在，我通晓自己的全部弱点和缺点。哪怕我用利刃把自己伤害得体无完肤，也能尝到短暂快感，甚至感觉到一种类似自伤行为的过瘾。

根据松本俊彦[1]等人的见解，自伤行为有可能致死，但其并不是出自自杀欲望。相反，至少在早期，

1　松本俊彦（1967—　　），日本精神科医生，研究成瘾行为与自残治疗。

自伤是一种"试图活下去"的手段。自伤者经常说"割破皮肤心情会爽快"，自伤确实有释放焦虑、缓解不安和疏通紧张情绪等效果。通过研究我们知道，人体存在着这样一种机制：自伤的瞬间会分泌一种被称为内啡肽的脑内麻醉剂，有助于缓解内心的苦痛。

此外，自伤行为还意味着向外界展示自己的痛苦，从而寻求援助。可是，随着反复自伤，周围之人也可能从关心变为冷漠，自伤者由此越来越孤立，为了缓解痛苦，可能会进一步把自伤行为习惯化，此类恶性循环很容易发生。很多事例表明，这种恶性循环最终可能导致自杀，因此我们通常将自伤称为"致死行为"。

自我否定是一种寻求认同的呼救

如果初期的自伤是一种"正因为不想去死"的自恋性行为，那么自我否定的言行又如何理解呢？自我伤害式自恋是否也是一种"致死性的自恋"呢？当然，危险性不是不存在，不过至少在初期，自我否定也可能是自恋的一道防护性大坝。具体是什么原因呢?

首先，**自我否定与自伤行为一样，都被认为是一种积极寻求外界认同的行为，下意识地显示出希望得到救助的意愿。**他们希望在说出自我否定的话之后，会招来外界的反驳，他们再次对外界的反驳做出情绪更加激烈的反应，以此与外界发生"关系"。他们下意识寻求的，也许就是与外界建立"关系"。

其次，自我否定具有自我控制的一面。他们的自我否定，表明了他们比任何人都更了解自己是一个"不好"的人，由此不愿把自我评估的权利让渡给任何其他人，这也是一种意愿的表达。就像自伤行为是身负精神重压后做出的应激对策一样，自我否定的行为具有同样意味，可以被视为一种应对压力的方式，尽管是以负面的形式。**无论是正面还是负面形式，准确地认清当前状况，就是试图去适应自我的第一步。**但是问题在于应激对策原本应该起到协调的作用，现在却在往消极的方向一路倾斜。

这一点，如果思考一下"万能感"和"无力感"，哪一个更容易被修正就更易理解了。**自我认同感在上升到"万能感"乃至"全能感"的过程中，**

　　　　　　　　　　　　　　自伤自恋的精神分析

往往会碰撞到客观事实和客观评价的墙壁，而茧居者的万能感因为无墙可碰，所以有时无法修正，只要他们与社会有了连接点，建立了关系，理所当然地，万能感就会被强迫修正。

再来说"无力感"。无力感源于自我否定，极难修正，无论是万能感还是无力感，都不过是自恋的幻想，但是就像上面说的，万能感往往有更多被修正的机会，而无力感则匮乏修正机会。若想去纠正个体的无力感，需要周围之人给予称赞或肯定性的评价。但是，即使周围之人做出正面评价，也需要个体愿意接受，不然不起作用，而且周围之人未必能永远保持友善态度。

万能感从本质上讲，是开放型的幻想，通常拥有更多被修正的机会。无力感是封闭的幻想，修正起来非常困难。也就是说，自我伤害式自恋具有彻底封闭的特点，可以被视为最完整的自恋。所以那些"认识到我就是无可救药的废物"的人，很难做到自我原谅与和解，这比与他人吵架后和好困难多了。越是这样的人，越常强调"我比任何人都更了解自己"之类的老套话语，不愿听从他人的反论与说服，很难意识到自己身上还有其他侧面。

这样一来，问题产生了，那就是"自我伤害式自恋"会引发何种问题。我要再次强调，自我伤害式自恋并不是疾病，而是一种所有人都有可能陷入的"自恋的扭曲"。如果情况持续时间较长，就会引发一些弊害。

首先是人际关系。抱有自我伤害式自恋的人，将在人际关系中面临众多问题。典型的情况之一是，一个过分贬低自我的人，会疏远人际关系。"我这种失败者，和谁交往都有愧""肯定会给对方添麻烦""与那些（看上去）顺风如意的人见面，会让我更加自卑痛苦"——这类的想法让他们疏远朋友和伙伴，或与熟悉之人保持距离。此外，在与人来往的场合中，一个人如果反复做自我贬低和自我批判，也会被其他人退避三舍，不愿接近。

反复自我批判的人常常拿自己与他人比较，为自我价值的高低而烦恼，其结果就是"脑子里只有自己"。这种过度的自我关心，我称之为"自恋"。不管怎样，**越是反复做自我批判的人，越不容易感知到他人的好意或爱心，或者即使感知到了好意，也会被自己飞快地否定。更不用说去主动喜欢他**

人，或产生好感，这几乎是难上加难。我知道一些事业上很成功却抱有自我伤害式自恋的女性，她们美丽聪明，但一致对"自己受欢迎"的事实异常钝感，或毫不关心。我认为，这种倾向现在越来越普遍了。

同时还有一个十分矛盾的现象，那就是，自我伤害式的自恋者也有可能过度评估他人的好意，并对此产生强烈的依恋。尤其是在异性关系中，很有可能因此产生过度的执念："她能爱上这么差劲的我，太珍贵了。"一旦对方未能满足期望，便有可能做出过激行为，或者暴力攻击，或者骚扰纠缠。

攻击家人，也是一种自我伤害

一般而言，自伤式自恋者与家人的关系难称良好。虽不能一概而论，但较为常见的情况是，他们对家人怀有强烈的怨恨和愤怒。他们越是坚信是父母错误的教育方式导致了他们现在的种种不如意，怨恨就会越发强烈。他们认为所有不如意的根源在于"父母竟然生下了这样的我""在成长过程中是父母让我变成了现在的鬼样子"，这种怨恨有时会演变成家庭内的暴力行为。

这种情况的难点在于，当事人把家人看作自身的一部分，由此对家人的攻击也带上了自我伤害的意味，攻击越多，他们自身越感到痛苦，形成恶性循环。同时与之相反，也有一些人对家人过于冷淡客气，就像上面提到的对待周围他人的态度，会产生"我这么差劲，对不起父母的养育"的想法。这两种截然相反的态度很有可能是同根生，可惜很多人没有看出这一点。

处于这种情况的人，可能会逐渐抑制自身的欲望，最终陷入"什么都不想要"的无欲状态。一旦进入这种状态，他们的生活可能会真的只剩下起床、吃饭和睡觉。最令人担忧的便是这种无欲。每遇到此类咨询者，我都会鼓励他的家人定期给咨询者一些零用钱。曾有人说，对于茧居者来说，"钱就是药"，确实是至理名言。至少，金钱可以防止欲望变得彻底枯竭。

虽然我才说过，自我伤害式自恋导致死亡的风险并不高，但以后会怎样，谁都无法一言概之。一个人如果从自我伤害式自恋发展到了无欲无求，那么最令人担忧的时刻，便是在他"失去父母之后"。虽然对有些人来说，在父母去世后突然奋起的可能

　　　　　　　　　　　　　自伤自恋的精神分析

性并非为零，然而对于在无欲／无社会活动的状态下进入 50 岁的人来说，我们不难想象，他们在父母去世后会立即陷入困境。最坏的情况，就是孤独死。

　　这就是所谓"8050 问题"[1]最令人担忧的地方。即使现在，我们经常听到帮助茧居者的社区工作人员说，茧居者的父母去世后，工作人员登门访问，茧居者也不愿意开门。就像自伤行为最终有可能发展成自杀一样，**自我伤害式自恋也有可能在无欲化和孤立化之后，最终发展成孤独死**。难题在于，该怎样基于这种风险去提醒茧居者思考当父母过世后，他们如何生活。茧居者的回答往往是自暴自弃的："如果父母死了，我也不活了，不用管我。"这种绝望的回答并非预告自杀，仍然可以看作是一种自我伤害式自恋的表达。工作人员若想在理解的基础上跨越这类表达继续提供支持，实际上做起来非常难。

1　指在日本，自 2010 年以来，为了供养长期待业在家的 50 多岁的子女，80 多岁的父母在经济和精神上都承受着沉重负担。

总认为"我是个废物"的人

自伤式自恋者中，有茧居者，同时也不乏性格外向、擅长社交的人，在社会上能与他人顺利交流的"正常人"。他们之所以既表现出自伤式自恋，同时又显得"正常"，可能是他们在有意识地努力，试图表现出"正常"的一面，这是自我低评价者特有的认真的一面。此外，他们会表现得仿佛忘记了自我低评价的事，能与朋友快乐相处。以检测数据来看，他们的自恋保持在"正常范围"内，在旁人看来甚至很幸福。虽然这本应是他们的自然状态，但事后他们通常会想："我明明已经做出很大努力去配合别人，装作很开心，实际上我一点儿也没变，仍旧是个废物。"

他们给外人一种奇妙的感觉，一方面做着强烈的自我否定，一方面过着极其正常的社会生活，有些人甚至创造出了杰作，比如我在前面提到的漫画家谏山创。也就是说，**自我伤害式自恋也许会降低一个人的幸福度，但出人意料的是，并不会损伤这个人的欲望和生产能力**。在这个社会上，也许有非常多的潜在人群受困于自我伤害式自恋，就连很多过着相当健康生活的人，也无法逃脱潜意识中的这种自恋情绪。

还有一点值得注意的是，自我伤害式自恋的起因，不一定是家庭环境或成长创伤，人生中的任何时刻都可能成为导火索。茧居者是其中极其典型的例子。若是长时间茧居不出，很多人会"退化"，其结果可能就是心中慢慢滋生出自我伤害式自恋。即使不是茧居者，如果在学校或职场被霸凌，在校园权力等级中被定位为最底层，或者身在伤害尊严的职场里，恶劣环境长期得不到改善，都有可能产生相互作用，催生出自我伤害式自恋。这一点稍后会详谈。

第二章

从寻求真我，到寻求“点赞”

越是依赖于他人认同的人，

从中尝到的绝望滋味越大。

"讨厌自己"是种彻底的否定

也许有人会想："自我伤害式自恋有点夸张了吧，如果管它叫'自我厌恶'就没事了吧。"

但是"自我伤害式自恋"不等于"自厌"。至少我会有意识地加以区分。首先，在自厌里，不包含自恋这一层。需要强调的是，痛骂自己的动机中存在着自恋，自厌则传达不出这一层意思。

在我个人印象中，年轻人不太说"自厌"，更倾向于说"讨厌自己"。有人会问：难道这两者不一样吗？主观上，两者有微妙差异。"自厌"是局部的，是在遭遇某些挫折之后，短暂地厌烦一下自己。而"讨厌自己"则沉重多了，是一直处于讨厌自身的状态中，无法原谅自身的存在，更接近对自身的整体否定。所以，**否定自身的一部分，是"自厌"；彻底否定自己是"讨厌自己"**。不知大家怎么看这种语感上的细微差别，我觉得并不是很离谱。

因此，自厌是短暂的一瞬间从心底里厌烦自己，这时如果得到别人的安慰，心情就会变得轻松，得到搭救。那么"讨厌自己"又会怎样？我要在此重申，"讨厌自己"的本质中存在着自恋。因为情绪中有多重扭曲，所以别人的鼓励和安慰在他们听起来，就像一种否定，他们不仅不会感觉解脱轻松，反而会生气。

这种特殊的自恋形式，相对来说，是近年才变得常见的，对精神疾病的症状也产生了影响。典型的精神疾病，比如重度抑郁症和精神分裂症，现在患者数量呈现出明显的减少趋势，取而代之的是非特异性的"自我伤害式自恋"者在增加，他们的状况不足以被诊断为疾病，但有些可称为"亚临床"状态。

顺便提一下，自我伤害式自恋不仅仅表现为茧居，还包括自伤行为、进食障碍、社交恐惧等多种表现。我之所以拿茧居举例，因为这是我的专业领

自伤自恋的精神分析

域，也因为在茧居行为上，自我伤害式自恋的结构最为明显。

自我伤害式自恋对于患者本人来说，是严重的困扰。问题在于这种烦恼与常见的烦恼不同，很难让他人共鸣。"讨厌自己"原本是非常个人化的、内在的烦恼，而"穷""与父母关系不好""对配偶有怨气"等烦恼则更容易引发共鸣和理解，所以"讨厌自己"的烦恼表达起来非常困难。你向朋友倾诉"我讨厌自己"，朋友的回答可能是"我懂！我也讨厌自己"或"真的，我也是这样"，这听起来几乎像个笑话。越是心底柔软、充满同情心的朋友，越会罗列你的优点，鼓励你，表扬你，结果如前所述，这只会招来你的烦怒。因此，"讨厌自己"是一种很难对付的烦恼，即使表达了，得到共鸣与否都于事无补，你还是会陷入一种难受又难言的境地当中。

而且，你在表达这种烦恼时，很有可能被认为是"渴望得到关注"，因此问题的严重性难以被理解。原本就有医疗渠道的人可能还好一点，更多的背负着自我伤害式自恋的患者是潜在性的，没有被看到的。这种烦恼非常孤独，很难被公开谈论。这种状况究竟是从何时开始的呢？

战后日本精神史的演变

虽然有点绕远，但为了探讨，我想追溯一下第二次世界大战结束后的日本精神史，特别是自我意识的演变史。

如果以非常粗略的概括来看的话，我认为，战后的国民精神史可以分为五个时期。

20 世纪 60 年代：神经症时代

70 年代到 80 年代中期：精神分裂症时代

80 年代后期到 90 年代初：边缘型人格时代

90 年代后期到 21 世纪第一个 10 年的中期：解离的时代

21 世纪第一个 10 年后期至今：发育障碍的时代

关于具体的年代划分，我有多种解释，不打算在此细究，重要的是，"神经症→精神分裂症→边缘型人格→解离→发育障碍"等病症的时代演变顺序，在精神医学上似乎没有太多争议。

当然，有人会提出异议："怎么没有进食障碍""怎么没有茧居""现在难道不是认知障碍的时代吗"。不过，上面关于五个时期的概括，大体上没有走偏。

本书将重点讨论 20 世纪 90 年代以后的状况。如果每个时代的人都有"理想中的自我"的正像，那么此处列举的疾病名称，便是与正像同体的负像。

社会学家大泽真幸将 70 年代之前的时代称为"匮乏的时代"[1]。他认为直至进入 70 年代初之前，驱动日本人向前的力量，是物质上的匮乏和经济上的落后。那时的人们毫不怀疑欲望的自明性，通过追求物质充实，来达成理想中的自我。正是这种欲望支撑了日本当年那个特异的经济高度发展期。

这个时代的代表性疾病，是在内省的自我意识和欲望的不合理性双重折磨之下的"神经症"。顺便说一句，在拉康派的语境中，"神经症"是人类存在的一种正常方式。只要是人，都会有内省和情

1　引自《战后思想空间》，筑摩新书，1998 年。——原注

绪纠葛。

物质匮乏不再是头等大事的时代，大泽先生称之为"欠缺匮乏的时代"（前述书）。随着物质变得充足，人们不再一窝蜂地追求物欲，精神上的满足变得前所未有地重要。

如果看畅销书榜，会发现 60 年代名列前茅的是各种指南，70 年代陡然发生变化，人们开始追求内在充实，把重心放到了"塑造理想的自我形象"上，此时有代表性的畅销书，比如《知性生活的方式》[1]。

这个时代的代表性疾病是"精神分裂症"。当时它被称为"精神分裂病"[2]，由于难治、易慢性化、内在变化难以捉摸，一些人出于恐惧，认为此症是"精神癌症"。此症在精神医学中被看作终极疑难，甚至被定位成"崇高之疾"。病人呈现出幻觉和妄想的症状，有时进入无言僵直的昏迷状态，言语行动支离破碎，以至于成了刻板印象中的"疯子"。德勒兹[3]认为，精神分裂症是资本主义社会的隐喻。

---

1 渡部升一，讲谈社新书，1976 年——原注。

2 现在日语称为"统合失调症"。

3 吉尔·德勒兹（Gilles Deleuze，1925—1995），法国著名后现代哲学家。这里提到的便是他和加塔利合著的《资本主义与精神分裂》中的观点。

浅田彰[1]受其影响，创造出"分裂症和偏执狂"的流行语，在社会大众中传播了一些关于此病的误解。直到 80 年代初期，此病成了具有时代象征的疾患。

当以内心充实为理想的时代到来，精神分裂症呈现终极破产的表象，人们期待自己的精神有望飞向一种全新的维度。

此后进入"边缘型人格时代"。这一时期最盛行的概念，是"认同／同一性"（Identity）。同一性指的是"我是谁，如何把我和别人区分开"这样的关于自我和他者的定义、信念和表现。为了能够说出"这才是我"，一个人的社会地位、主体性和独特性，以及与过去的连续性，就变得至关重要。

这个概念是由精神科医生埃里克·埃里克森提出的。他认为，获得同一性，是人在青年期的一项重要课题。他在 20 世纪 50 年代提出这个观点，日语译本《自我同一性与生命周期》出版于 1973 年。我记得这个概念在日本变得广泛流行是在进入 80 年代以后，成了当时的流行语。糸井重里[2]等亚文化圈

1　浅田彰（1957—　），日本后现代批评家和策展人。
2　糸井重里（1948—　），日本著名广告人、作词家、作家、艺人。

名人经常开玩笑式地使用这个词。还有三浦纯[1]的自传漫画的标题也是《艾登与缇缇》（*Iden & Tity*）。

非黑即白的"边缘型人格"

在 20 世纪 80 年代末的"边缘型人格时代"（borderline personality disorder），人们渴望的不仅是内心充足，更是"寻求真我"。下面我们来简单了解一下"边缘型人格"的概念。

"边缘型人格"被定位为人格障碍而非精神疾患，换句话说，是一种"偏执性的性格倾向"。如果让我描述边缘型人格的特征，那就是在人际关系中显得神经纤细、不稳定、性格冲动。

用现在流行的说法来形容，其实就是所谓的"闷黑拉"[2]。这类人虽然没有病到不理智的程度，但在日常生活中与人相处时，会因为内心过分脆弱细腻而令人厌烦。每次我解释边缘型人格时，经常拿太宰治举例。太宰本人未必是边缘型人格，但他

---

1 三浦纯（1958— ），以漫画家、小说家、电台 DJ 等多种身份活跃于日本艺能界。他倡导"酷的人，不考虑酷不酷，所以酷"。

2 指接受心理健康咨询的人（メンヘラ），将 mental 和 healer 合成在一起的日语网络流行语，指情绪不稳定、悲观孤独的人。

在《人间失格》等作品中描绘的人物则明显具有边缘型人格的特征。

边缘型人格的病理基础，是"分裂"（梅兰妮·克莱恩[1]语）。需要特别提醒，这里的分裂与精神分裂症无关，简单来说，所谓"分裂"，是非黑即白、非百即零的思维。

这种思维容不下灰色临界地带，从这个角度看，"分裂"是不成熟的思维形式。趋向这种思维模式的人在人际关系中容易陷入"非敌即友"的思维，一旦认定对方是敌人，便做猛烈攻击，如果将对方认定为同类，又会陷入崇拜，做绝对美化并依赖对方。然而，当他们认定为同类的人稍微违背他们的意愿，做出不合他们心意的事情，他们就很容易立刻翻脸，将对方认定为敌人，发出猛烈抨击。

更大的问题是，他们经常会将自己对对方的愤怒情绪再次投射到对方身上。明明是他们在怨恨对方，却常常妄想是对方攻击了自己。这是一种被称为"投射性认同"的心理机制。他们在人际关系中会表现得极度依赖对方，几乎堪称"人际关系成瘾

1　梅兰妮·克莱恩（Melanie Klein，1882—1960），奥地利精神分析学家，儿童精神分析研究的先驱。

症"，但非常不稳定，导致他们经常在关系中表现出剧烈的情感波动。

顺便提一下，此处所说的"分裂"和"投射性认同"是一种常见的心理机制，在非患者身上也多见。我们有没有对身边的恋人、配偶或父母感到过强烈的愤怒和憎恶？如果有，可见边缘型人格这种"病"并非与我们完全无缘。"边缘型人格"这个专业诊断名称，其对象是把此类问题常态化了的人。

边缘型人格的另一个特征，是许多人试图理解自身的不稳定和痛苦，转而去学习心理学和精神分析。不仅学习，还为了寻找优秀医生，反复出入各种医院，遴选医生（Doctor Shopping）。在这个过程中，他们评价对象的极端性也会成为问题，一旦觉得找到了优秀医生，就会产生崇拜和依赖，状态由此暂时稳定。一旦稍有不合意之处，又会对医生产生不满，之前的崇拜随即转变为愤怒和怨恨，开始猛烈攻击医生，中断治疗，再次寻找下一个理想医生。

心理学成为潮流

下面解释一下"社会的心理学化"这个概念。

20世纪80年代至90年代，"心理学化"的潮流不仅席卷了日本，也波及全球。人们开始从心理学的角度去解释诸多社会问题和人生问题（尤其是犯罪），普遍期待心理学能指点我们如何追求个体幸福，给予我们"寻找真我"的答案。值得一提的是，此时在人们心中，"心理学"与"精神医学"是同义的。关于这一点，我之前在《社会的心理学化》（河出文库，2009年）一书中有详细讨论，有兴趣的读者可以找来一读。

在这一潮流的影响下，人们开始倾向于将犯罪归因为个体心理因素，比如内心创伤或发育障碍，并将政治问题也归因为执政者有心理问题。

媒体面对各种事件，开始寻求心理学家和精神科医生的解释，精神科医生在媒体上频繁登场。这是以前的时代看不到的。

从畅销书排行榜也能看出90年代非常之独特。

例如，1992年的畅销书榜首是《奋进吧！心理学》（青春出版社，1991年）。这是根据日本电视台同名综艺节目改编成的图书。节目让嘉宾接受心理测试，经历一些模仿精神分析的环节，将嘉宾的深层心理揭示给观众，引领了当时的心理学热潮。顺便说，同样是1992年，心理学家河合隼雄的《心灵的处方笺》（新潮社）也进入了畅销书榜前十名。

此后，几乎每家书店都开设了心理学书籍专区，尽管大学考生人口逐年减少，心理学专业的入学竞争率却居高不下。在当时新人求职的调查中，在高中女生渴望进入的职业类型中，心理咨询师排在第二位。

一些关键词能代表那个时代，如"内心创伤""精神重负""新兴宗教""治愈力""生态学""心灵暗角""侧写"等。毋庸赘言，这些与"社会的心理学化"有密切关系。

当时的虚构作品中也出现了巨大的创伤热潮，这里就不一一列举了。无论是小说、电影还是音乐，"创伤"都成了推动故事发展不可或缺的元素。好莱坞电影的心理学应用持续多年，直到克里斯托弗·诺兰的杰作《蝙蝠侠：黑暗骑士》（2008年）一举成名，成为此类型的典型之作。

此后，心理学应用在虚构作品的领域里有所减

自伤自恋的精神分析

弱，但在学术界内确立了牢固地位，并在媒体中换上"神经科学"的招牌，延续了生命。

进入2000年后，"神经科学"热潮与心理学热潮几乎无异。除了专业术语的不同叫法，以及更露骨的自我提升感之外，实质几乎相同。

人们渴望"追寻真我"，渴望得到心理学意义上的"自我身份的确认"，作为一种能提供答案的学问，心理学成为热潮，席卷全社会。同时这一潮流也带来了副作用，催生出了心理学和精神医学都难以拯救的"边缘型人格障碍"。不过，随着心理学热潮的减退，边缘型的案例也在逐渐减少。但关于患者数量是否真的减少了，还存在争议，至少在我亲历的临床研究中，遭遇边缘型患者的机会显著减少，其他业内同行也有相似的感觉。

解离，是内心的一种防御机制

"边缘型－分裂"时代结束，"解离"的时代随之而来。

"解离"和"抑制""分裂"一样，是使内心得以正常运作的防御机制，以保护心灵免受巨大创伤或压力的伤害。

如果用一句话来概括，"解离"指的是切断人心中时间和空间的连续性。例如，遭遇失恋或亲人去世等突如其来的重大失落时，人的内心会暂时麻痹。通过在内心设置屏障来避开痛苦，自我得以经历更缓慢的时间，逐步接受事态。

在一些沉浸式体验中，比如身在摇滚音乐会现场或者玩电子游戏时，也能发生解离。为了屏蔽噪声，人将视野缩小并集中到眼前事物上，在感性和知性上设置屏障，这种做法有时能起到提高效率的作用。

心理疗法中的"催眠"，是一种人为催发解离的手法。此外，人在宗教中体会到的恍惚喜悦，也可解释成发生了解离。而新兴宗教的洗脑手法，可被视为人工催发解离的技巧之集大成。

当解离超越了自我控制，就会发展成疾病"解离症"。

例如，如果解离发生在感觉层面，患者会感觉事物不真实，不像是在现实中，这被称为"现实解体"。如果解离发生在记忆层面，就会发生"解离性失忆"。最严重的是"全盘性失忆"，就是通俗说法中的失忆症，患者不仅忘记自己的名字和生日，甚至会完全忘记从前的生活。不过值得注意的是，在这种情况下患者丧失的仅仅是个人记忆，"意义记忆"即一般性的知识和常识通常仍被保留，所以患者仍然可以维持日常生活。

多重人格是有代表性的解离，准确地说是"分离性身份障碍"，由于解离到达了人格层面，呈现出一个身体被多个人格共享的状态，人格数量从几个到数十个不等，各自拥有不同的名字和记忆，年龄和性别也各异。人格之间存在知觉和记忆的隔断，一般来说，一个人格的行为，另一个人格不会记得。

在 20 世纪 80 年代到 90 年代，多重人格的发病率在北美急剧上升，日本虽相对较少，也不再是罕见疾病。

这种现象的原因包括了幼小时期被虐待留下的心灵创伤，有些孩子经历过虐待、家暴等剧烈精神重压之后，会生出另一个人格。"遭受惨烈生活的不是我，是别人"，他们以此转嫁痛苦，保护内心，结果形成另一个人格。

那么，在这场"解离热潮"里，人们究竟投射了什么样的自我形象呢？

总体来说，这种现象是时代的象征，是90年代中期延续至今的"认同的时代"的象征。为什么这么说？因为"认同欲求"中至关重要的"人设"与解离现象有很高的亲和性。

在进入结论之前，先来简述一下"认同的时代"的形成。

"认同成瘾"的时代

在之前的（心理学式的）寻找真我的时代，年轻人的不安主要是源自"我究竟是谁"，是关于自身存在的不安。后来此类不安逐渐减少，取而代之的是关于认同的不安。

这种变化意味着，人们内心期待的自我形象从"真正的自我"转变成了"被他人认同的自我"。

如果挑选三个关键词来代言这个时代，可以是"认同""情商"和"人设"。不仅仅是现代年轻人，希望得到他人认同的欲望覆盖了我们的全部生活，我将这种状态称为"认同成瘾"。这是一个结构性的问题，是"茧居"和"抑郁"等问题的深层起因。

尤其进入 21 世纪后，"认同成瘾"的趋势越来越显著。

不知道你是否感觉奇怪，为什么"认同欲求"这种相对晦涩的词语现在变得如此普及，在畅销书的书名中，常能见到"认同"或"自我肯定"之类的词。尤其令人印象深刻的是红极一时的《被讨厌的勇气》（岸见一郎·古贺史健，钻石社，2013 年），这本畅销书讲的是"无须寻求认同"，其惊人销量反过来显示出多少人在为寻求他人的认同而烦恼。

虽与《被讨厌的勇气》无法相提并论，拙作《认同症》（筑摩文库，2016 年）是一本将很多文章收录到一起的论文集，但在很多大学的书店里长年畅销。当然，书写得不算差（笑），不过，它的畅销要归功于编辑起的书名。对了，封面插画是史芙美子画的一个女高中生在支颐沉思，我觉得这也是此书意外畅销的理由之一。

在当今时代，以年轻人为中心，全社会对"认同"的关注达到了前所未有的高度。能否得到他人的认同，已经不是"自作多情"，而是重大问题，甚至可以说生死攸关。

工作的原动力，是寻求认同？

根据日本政府发布的 2017 年版《自杀对策白皮书》，通览全球，日本年轻一代的自杀问题已相当严峻。相对来说，在发达国家中，日本 15 ~ 34 岁的年轻人的死亡率居高不下，死因首位是自杀。白皮书对此描述如下：

> 如果将青年失业率和 20 ~ 29 岁的自杀死亡率的推移变化做比较，可以发现两者动态相近。由此可见，年轻人的经济状况虽然相对有了改善，但非正规雇佣（派遣员工、合同员工、兼职、临时工等）比例的增加，由此导致的青年就业状况恶化，在一定程度上导致了自杀死亡率的上升。特别是 20 岁以下的年轻人因"就业失败"而自杀的人数，在 2009 年后急剧增加，这也需要注意。

关于就业自杀，也许会有人批评说"求职这种小事也值得去死吗"，"工作有的是，去找就好了"。我已年过花甲，可以说是半个旧时代人，我能理解为什么有人这么说。然而曾经我也是"新人类",所以我必须说,这种批评已经过时了。说出"求职这种小事不值得去死"的人,看问题的角度是"工作只是为了拿工资生存用的"。

而对众多年轻人来说,就业是为了"得到他人的认同",从事理想的职业,以便从朋友、熟人处获得"你太厉害了"的评价。再者,成功找到一份能令自己抬得起头的工作后,还能获得不被同龄朋友抛弃的安心感,有利于在异性关系中(包括相亲等)占据优势,有可能抵达更好的婚姻和生育……这一切,都是成为"认同优位者"的条件。实际上,关于上面这些事的担忧是多余的,即使找到的工作不那么好,朋友们也不会因此而抛弃你。但对于那些一直依赖他人认可的人来说,这并非杞人忧天。他会提前预想,若是工作没能得到他人的羡慕和赞扬,即使能维持生活,也无法获得足够的认同,这会极大地损害他的自尊心。即便朋友们并没有什么表示,他也会主动疏远朋友。**在这种情况下,能否(不走任何弯路)直接找到一个为人瞩目的著名公司(良好职业),就成了生死攸关的问题,这并不是夸张。**

不知是否有安倍政府经济政策的原因，据报道，从 21 世纪第一个 10 年中期以后，大学毕业生的校招率一度恢复到了泡沫经济时期的高水准。而同时，关于就业自杀的新闻仍然见诸媒体。我没有找到就业导致自杀的统计数据，不过毫无疑问，这是一个严重问题。

从根本上说，在现在的求职就业系统下，人的认同欲求必然会受到伤害，这是系统结构本身决定的。一个大学生通常要经历平均十三次的失败落选，才能最终获得一家公司的正式雇佣[1]。

现代的求职活动，需要先在线点击"参加"，再经历笔试、面试等步骤，最后求得一份工作。"申请参加"本身远比过去更容易，只需轻轻点击页面即可。学生可以不假思索地大量点击，企业在面试之前，就已经筛选掉了大量申请人。平时不被公开谈论的"学历歧视"，此时便成了有效的筛子。一个学生即使可以轻松申请多家公司，但在一次又一次接到"我们不需要你"的通知后，不可能不受伤。

1　引自《就业自杀的现象有救吗……多家求职，多家落选的残酷现实》，2019 年 11 月 26 日号，《现代商业》杂志，https://gendai.ismedia.jp/articles/-/68592?imp=0。——原注

能保持平和心态的人并不多。

更何况，大多数年轻人在青春期时，为了获取他人的认同，不得不压抑自我，迎合他人，而到了大学毕业求职时，又被迫要在他人面前做自我剖析、自我彰显、自我叫卖，而这种裸露出的自我在申请和面试阶段反复遇挫，一次又一次被否定，即使最终找到工作，自尊和自恋也在求职过程中遭受了相当大的打击。越是依赖于他人认同的人，从中尝到的绝望滋味越大。

在我看来，越是把工作单单当作饭碗的人，在求职过程中感受到的打击和伤害越小，当然这是我的臆断。因为一个人如果寻求的只是"能维持生活的饭碗"，便会根据自身条件去寻找哪家公司更有可能雇佣他，追求"稳定的确保"。然而，如果他是"为了赢得他人的认同而工作"，那么就有可能去"高攀"一些不符合自身条件的职业和公司，"高攀"得越多，自然受到的打击越狠。

索尼人寿保险公司每年针对社会新人有一项调查，主题是"公司前辈说的哪些话会削弱你的积极性"。近年来的首位回答是"你好像不适合这份工作"。也许这只是他人的无心之语，不过，被评判之人会深感受伤，等同于自己的人格被否定了。这种言辞在"为了生计"和"为了获得认同"两种不同动机下，被接受的方式也大相径庭。在"生计派"看来，不管我适不适合，只要你不解雇我，就不是问题；而在"为认同而工作"的人看来，有人这么说我，说明这家公司没有我的立足之地，我被所有人否定了。

也许有人会说"不适合？那就努力去改善啊"，但是，当代年轻人似乎缺乏"我可以努力改善"的思路。他们中的大多数人认为"努力也是一种才能"。这句话最早好像是铃木一朗[1]说的，他的本意是"努力可以弥补才能的不足"，但这句话在年轻人的引用下，变成了"努力也是一种才能，若连这种才能都没有的话，我该从何做起"，背后隐藏着"即使我努力，也改变不了什么"的情绪。

一位企业家曾说，近年来，只要公司要求新入职员工做其不太擅长的事，年轻员工总是回答"我没有这方面的天赋，做不了"。年轻员工口中的"我

1 铃木一朗（1973— ），日本职业棒球运动员，连续 7 年获得优秀击球手称号。

自伤自恋的精神分析

没有某某天赋"，指的是无论他们怎么努力，都不可能做好某某事。可以说，这是一种彻底的"对变化的不相信"。他们不相信自己会成长，不相信通过加倍努力就能让未来变得更好。不过年轻员工嘴上虽这么说，实际上依旧会努力去尝试下，这种情况下体现出的正是他们缺乏自信。

是现在的年轻人太脆弱了吗？

我在临床治疗中接触到的年轻茧居者身上，也感受到了这种"对变化的不相信"。他们一心认定自己的未来不可能发生任何变化，认为抱持希望是徒劳的。

因此他们从最初便放弃努力融入社会。也因为放弃，所以生活不曾改变。时间流逝，他们反复陷入"正如我所料，一切都没有改变"的恶性思维定式。如果他们能豁达地想"没有变化也无妨"，或者"我要享受这种不变"，倒也是好事，但他们的思考方式太过实诚，反而成了一种痛苦。

回想起我当年事业还是一片空白时，我心里当然有挫败感，也会自卑，但总有一种信念在维持心理平衡："我的未来有无限成长空间，总有一天会好起来的。"尽管我对现在年轻人自我伤害式自恋有所共鸣，但无法认同"对变化的不相信"，总觉得遗憾，如果他们能稍微多一点信心，相信自己有潜力，相信未来总会发生变化，就能用更乐观的态度看待人生，生活也能变得更轻松些。

在那些不相信自身会发生变化的年轻人听来，"你好像不适合这份工作"是一锤定音的评价。换句话说，他们认为自己生来没有能力做好这份工作，无论怎么努力，"不适合"的状态将永远持续。当然，他们也明白，发言方并没有如此强烈的意图，但这句话瞬间的冲击力，让他们了解到有人对自己怀有这种印象，这已足够令他们沮丧的。

说到这里，会有另一种批评随之而来，所谓"现在的年轻人太脆弱"，对此我当然不同意。

也许，年轻一代身上确实有"认同成瘾"的弱点，但不得不承认他们的情商和沟通技能远超老一代。"Z世代"[1]中出现了一些连虚构都不敢这么

1　指20世纪90年代中期到21世纪第一个10年初期出生的一代人，也称"网生代""互联网世代"。

　自伤自恋的精神分析

写的青年才俊，比如藤井聪太和大谷翔平[1]。总体来说，年轻人的生活满意度、幸福感，都处在上升期，与老一代人相比，他们拥有更多的感受幸福的能力。在不同的年龄层里，只是人的弱点在位移，整体而言，现在的年轻人并没有劣化。

面对年轻一代，我不震惊，也不失望。在此之上，我更想指出现在年轻人正在面临的"认同成瘾"和"自我伤害式自恋"等问题，考虑一些应对措施。

如前所述，现在尤其是年轻一代，过度依赖他人的认同。**他们不擅长自我认同，无法把自信建立在自身才华、技能、业绩或社会地位等客观依据上。**这些原本构成自信的要素，现在却需要先得到他人的认同和赞扬，才能转化为自我认同。这是一种相当于绕弯的复杂回路。

自我认同的难行之处在于，现代人认为自身价值只能在他人的认同中获得确保，即只有在"他人的主观"中，自身价值才得以保证。"他人的主观"

---

1 两位都属 Z 世代名人，藤井聪太是 2002 年出生的日本职业将棋棋手，出生于 1994 年的大谷翔平则是日本职业棒球手，现效力于美国职棒大联盟（MLB）洛杉矶道奇队。

无法任意操纵，无法任意改变，具有罕见性，故而容易被绝对化。而社交媒体的介入，让"他人的主观"呈现出集合化和定量化，变得可视。原本主观的东西，现在被赋予了伪客观的价值。一个人的发言即使无比荒谬，只要周围有人赞同，就容易陷入错觉，以为自己的言论是正确的，这就是所谓的"回声室效应"。现在回想一下，这也可以从侧面来解释特朗普现象。

相反，如果长期得不到他人的认同，就会成为"认同弱者"（难以得到或自以为难以得到他人认同的人），这种体验本身会成为内心创伤，削弱自我价值感，促发个人做出过度的自我贬低。

这种情况下发生的是"逆向的回声室效应"。当一个人听不到认同，或者认同之声太过微弱，即使没有人批评他，他也会将自我批评之声当作来自外界的批评。这是一种投射现象，这种回声会逐渐被放大，最终导致个人相信自己找到了客观证据，得出"我就是无用废物"的结论。

"认同成瘾"追求的不是自我认同，就连来自亲密熟人的认同，相对来说占的比例也很微弱。成瘾者最看重的，更多是社交媒体式的结构性的"集

　自伤自恋的精神分析

体认同"。点赞的数量越多，认同越能呈现表面化的客观和稀缺价值。

"集体认同"的机制，有些类似于经济学家凯恩斯的"选美博弈"理论。他将投资者选择股票的方式比喻为选美：投资就像"大家从一百张照片中选出最美的人，如果所选结果与最终结果一致，就可以获得奖赏"。美人的标准并非客观数据，个人只能主观预测其他人将如何投票，也就是预测集体中的他人的主观意识，这样一来，人就很难做出客观判断。正是这种稀缺性，引出"美人 = 得到众多认同"的结论。认同游戏也是同理，每个人都在考虑如何引起他人的共鸣，怎样赢得更多的点赞，即预测流动的他人集体主观意识之后，再做出迎合。最典型的就是在社交媒体上考虑"我说哪些话才能有流量"。

从认同成瘾到连接成瘾

一般越是年轻世代，越倾向于依赖集体认同。集体认同的构造虽存在于个体的身外，却深入个体内部，形成价值观。在这种结构下，当霸凌发生，受害者尽管知道是加害者（他人）的错，却不假思索地内化他人的标准，认定是自己不好，无法再去思考加害者应负的责任。所谓"当代"，就是与个人意愿、性格无关，集体认同的结构已自动加载、安装到每个个体身上的时代。

这种集体认同有几个特征。首先，它（看似）具有流动性；其次，欠缺"双向性"；再次，难以控制。

这些特征决定了个人在得到集体认同之后，内心感到的慰藉与焦虑只是一枚硬币的两面，因为"我现在得到的认同，不知何时就会失去"。譬如后面将讲到"校园权力等级"，即使是攀上了校园权力顶峰的学生，也无法免于这种不安。只要稍有突发事件，学生群体的认同风向就会改变，原本处于顶峰的学生很有可能跌落到最底层，这就是"认同带来的不安"。各种成瘾症的根源里都存在这种焦虑。所以不难想象，"认同带来的不安"会引发更多的"认同成瘾"。

无论情商高低，无论交际能力如何，每个人都背负着巨大的焦虑，这是我们这个时代的特征之一。交际能力无法量化，不像经济实力或身体技

　　　　　　　　　　自伤自恋的精神分析

能，故而一个人"交际能力"的评估值非常不稳定。个人价值会因为微不足道的原因而被削减，从社交媒体上获得的认同短暂易逝，越是交际能力卓越的人，在获得他人认同这件事上，越有可能背负上过剩的不安。

"认同成瘾"提高了年轻人的幸福感，同时也带来众多焦虑和不幸。对此我不想立刻做出简单的价值判断，但希望能在本书后半部分与读者们共同思考，为了不让这种焦虑和不幸过度恶化，我们可以做些什么。

在当代，寻求认同便是寻求"与他人的连接"。

连接成瘾的背后，是通信环境的巨大变化。特别是在 1995 年之后，商用互联网的爆炸性普及，以及同时期移动电话（2000 年后是智能手机）的普及，让年轻人的沟通方式发生了革命性的变化。随着通信基础设施的发展，2000 年以后，LINE、Facebook、Twitter、Instagram 等社交媒体迅速普及。在社交媒体上，使用者依靠相互认可在网络上形成松散的内部社群，通过"点赞"互相输送象征性的认可信号成为一种礼仪。

社交媒体由此在社会上广泛传播，使用者从年轻人到中老年人，在网络上，认同可以被轻松地可视化和量化，只要有智能手机，任何人都可以与朋友或恋人24小时随时连接。这种环境导致了"认同－连接"的一元化。在我看来，认同成瘾和连接成瘾几乎是同义词。

认可－连接成瘾与网络和社交媒体等基础设施的普及相辅相成，它们之间的因果关系并不简单。基础设施的普及让人们发现了潜藏于内心的认同欲求，从而加剧了对认同媒体平台的需求，形成一种积极的反馈。

"认同－连接"的一元化，对年轻一代的人际评价产生了巨大影响，我称之为"沟通能力的偏重"，指的是人际评价的标准偏重在情商和沟通能力上。**畅通无碍的沟通技能被普遍认为是绝对优点，在求职等场景中，沟通能力的有无成了生死攸关的问题。**

我很难提供数据来支持这个结论，但通过研究各种社会文化现象，还是能够看出一些具体实例的。接下来将要提到的对年轻人幸福度调查等考察，便旁证了这个结论。

2000 年以后，与社交沟通有关的流行词汇极速增加，成了一个显著趋势。比如 "沟通力"（社交沟通能力）、"KY"（"读不懂空气"的日语缩写，指没眼力见，不会看时机场合说话）、"沟通障"（不擅长与人沟通交流的人）、"剩男 / 女"（难被异性喜欢的人）、"落单"（独自一人）、"落单饭"（一个人吃饭）、"厕所饭"（因不想被人看到独自进餐，在卫生间隔间吃便当等）等都很有名。相关衍生词还有 "圣诞落单"（圣诞节时无人约会，独自一人度过）、"芝士牛"[1]（一看就像点芝士牛肉饭的人），反义词则有 "现充"（"现实生活充实"的缩略语，即拥有真实存在的朋友或恋人，而非只跟二次元中的想象人物建立关系）、"阳角"（性格开朗豁达）、"派对人"（"Party People"的缩写，指喜欢聚在一起喧哗玩乐的人）等。其中的 "KY" "现充" 等词正逐步过时，不过大多数词至今仍被使用，不禁令人感叹问题根源

---

1 来源网络插画：一个戴眼镜、衣着不起眼的男性点牛肉饭时，配有台词 "对不起，请给我三色芝士配温泉鸡蛋大份牛肉饭"，此形象被网民视为 "典型的沉闷内向人设"，由此 "芝士牛" 的简称成了此类形象的网络代称。

之深。

现在，企业在招聘时也越来越注重"沟通技能"。社会教育学家本田由纪批评了这一趋势，称之为"超级精英主义"。

在过去，日本对精英的追求（业绩至上主义）曾被批评为"学历偏见"或"学历至上主义"，到了当下，超级精英主义指的是不仅要有卓越的学校和成绩，更要有优秀的沟通技能（有时被笼统地称为"人间力"[1]等）。

现代日本社会既要求学历，又要求高超的人际关系能力，沟通能力成了个人评价中的必选项。如今，在全国初高中学生内部普遍存在的"校园权力等级"里，决定学生阶层的最重要因素也是沟通技能。我从医院临床案例中看到，一个学生如果被认为缺乏沟通能力，往往会跌落到校园权力等级的下层，导致他不愿意去学校或回避社交，进入茧居状态，相关案例并不少见。

"认同成瘾"和"过度看重沟通能力"相辅相成，互相补充。沟通能力强的人可以获得更多认同，

---

1 指社会人的基础能力、综合能力。此处采取了日语直译。

也更容易对他人的认同强烈成瘾。

　　两者间的中介，就是"人设"。

"人设化"的时代

　　"人设"这个词已是日常用语，现在再去定义，未免迂腐。我写过一本名为《人设的精神分析》的书，对"人设"做了"极致"定义，所以此处还是想稍微解释一下到底什么是"人设"。

　　简单来说，"人设"是一种符号，与一个人的自身具有同一性，为一个人指明了回归点。当然这是一种可以涵盖学生的自我人设、艺人的舞台人设以及动漫或漫画里多种多样特色人物设定的定义，所以我说它"极致"。

　　仅有以上的解释还不够清晰，那就再稍作细说。人物角色设定，是一个人的某项特征被夸张地戏剧化后呈现出的符号感。一旦被认定为某种人设，一个人以后就会一直获得"这个人等于这个人设"的同化，或者被迫同化。如前所述，"人物角色设定"最初是漫画和喜剧界的术语，从 20 世纪90 年代开始广为年轻人使用，现在已不再是流行语，而成了固定的常用词。

在学校，学生的人设影响到校园权力等级阶层的形成。高情商、擅长沟通与维护人际关系的同学和受欢迎、被爱戴的同学，因为具有相同水准的沟通能力而结成团体，成为校内权力阶层的上层。另一方面，交际能力差的"内向沉闷的同学""不受异性青睐的同学""日常被捉弄取笑的同学"，会被不由分说地认定为权力阶层的下层。也就是说，在一个班级里，学生的人设和所处权力等级，几乎是同时被确定的。这一切并非是由哪个具体的人主观决定的，而取决于班级内的"空气"，没人能做出反驳或抗议。正因为是"空气"，人更无从抗议。

对于这种权力等级的决定方式，森口朗[1]做了如下描述：

> 学生刚升入初高中时，被分配好班级的最初一两个月里，每人都会通过衡量自己的交际能力、运动能力和外貌，摸索自己在班级中的位置。能够成功地在这个时期占据高位的人，

1　森口朗（1960— ），日本教育评论家。

可以在之后的一年里免遭欺凌。相反，获得较低位置的人，则不得不度过高风险的一年。[1]

如上所述，在现代学校场域内，人际评价几乎都是由"交际能力"决定的。很多才能过去在校内曾是优势，比如"学习成绩好""画画好""文笔好"，等等，但在现在的校内人际关系里不再具有意义。不仅不再有意义，甚至还会出现这种情况：有的学生因为不小心展现出才能，超出了既定人设，以至于跌落到权力等级的下层。我不禁同情现在的孩子，与我 40 年前的学生时代相比，他们在经历何等严酷的生存竞争。

上面一直提到的"认同成瘾"，实际上，指的就是"希望自己的人设获得他人的认同"。这里的认同，不完全是"希望真正的自我获得认同"，而是更接近于"希望自己的角色设定能够被众人接纳"。

"人设"原本就不是个人的自主选择，而是由班级或职场的内部氛围决定的。当事人会感觉他的

1　引自《欺凌的结构》，新潮新书，2007 年。——原注

人设与真我之间存在着微妙的扭曲，如果持续被迫扮演指定角色，就会非常疲惫。除非发生极端的偶发事件，要想放下（改变）已被指定的角色，是极其困难的。

一般来说，和"关于性别的自我认同"不同，"关于人设的自我认同"的自洽性比较低。社会学家濑沼文彰提到，有些高中生对他人的人设很苛刻，如果问这群高中生他们自己是什么人设，有些回答令人意外——"我也不知道"[1]。如此看来，这些孩子的"人设角色"并非主动扮演，而是在同龄人的沟通空间内部"被迫自认""被迫扮演"的。

然而人设也有优点，甚至可以填补缺点，形成优势。有了人设，人际交流可以变得更顺畅。只要知晓对方人设，交流方式也会自动成立，只需在既定的氛围里持续对话即可。从这种意义上说，"人设"让一个人在群体空间内部有了立足之地。

此外，一个人面对自己"被指定的人设"，即使缺乏"这就是我"的实感，但只要认同了这个角色，也可以从"我究竟是谁"的问题中暂时解脱。

---

1 《人设论》，Studio Cello，2007 年。——原注

　　　　　　　　　　　　　　自伤自恋的精神分析

"我只是扮演这个角色而已"，这种清醒的认知可以让人确信"角色背后隐藏着真实的自己"。从这层含义来说，人设可以推动建立自我认知，也能起到保护自我的作用。

还有一种可能，就是即使受到伤害，也可以以清醒的态度告诉自己："受伤的是我的虚拟角色而已，与真正的自我无关。"**无论是谁，只要活在社会中，都不可避免地要去扮演某个角色，所以上面的"角色扮演"，也是一种对人生的先行演习。**

除了让交流变得顺畅之外，人设还有一个便利之处：在确认了双方人设以后，彼此能够进行亲密的沟通。有时会因为对方言行与人设出现偏离，而展开这样的对话："啊？你的言行好像与人设不符，果然是个抖 S[1]！""等一下，你的人设跑哪儿去了？"这种对话花费时间，但信息量几乎为零，在某种意义上，这种情形内化了"通过语言进行非语言交流"的深层意味，我将其称为"猫咪互相舔毛式交流"，在加强双方亲密度方面非常有效。

1　网络流行语，ACGN 亚文化中的人设与属性之一，指有强烈虐人倾向。

综上所述，"人设"可以被看作虚拟人格，是某种沟通模式的浓缩结晶。

而我们绕了这么远的路，现在问题又回到了"解离"。

我把2000年后称为"解离的时代"，这个时期也正是急速"人设化"的时代。

简而言之，人设的特征与多重人格（解离性人格障碍）中的交替人格非常相似。患有解离性人格障碍的人，不论是否有意，都可以在想撒娇时释放出幼儿的交替人格，在想攻击时表现出粗暴者的交替人格。而这些可以被当作专门用来沟通的人格通常都充满刻板印象，没有深度，缺乏自省能力。相对于"原本人格"，交替人格可被视为"近似虚构"。

2000年后，在网络环境和社交媒体等"基建设施"的加持下，"人设化"快速成为时代潮流。人们的认同成瘾（连接成瘾），进而到渴望自己的人设得到认同，已不再只是年轻人的问题，而成了整个时代全年龄段人们共通的欲望。这些关系也已超越简单的因果关系，原因促成结果，结果又反过来强化原因，形成一种循环：解离的时代高度依赖网络环境，网络环境的发展又进一步强化了解离。

　　　　　　　　　　自伤自恋的精神分析

"社交与认同"成为幸福的条件

如前所述，从90年代后期开始，认同成瘾的趋势越来越明显。几乎可以说，年轻一代建立友谊和婚姻等人际关系，出发点都是为了获得认同。而这种认同成瘾倾向，又引发了"学生拒绝去上学"和"茧居不出"。

根据内阁府的国民生活满意度调查结果，在同一时期，回答"时常感到不安"的年轻人也在增加。在2000年，66%的20多岁年轻人为生活烦恼，没有安全感；到了2010年，这个数据超过了65%。

社会学家古市宪寿在其作品《绝望国度里的幸福青年》里介绍了一些有趣的数据。根据多项民意调查，众多现代年轻人对眼下的生活感到满意。例如在内阁府的国民生活满意度调查中，"2010年时，65.9%的20多岁男性和75.2%的20多岁女性认为对当前的生活感到'满意'"。年轻人的满意度比过去任何时代都要高。

也许有人会说，2010年的数据过时了。不过，"感到幸福"的趋势一直在延续，在新冠病毒暴发之前的2018年，内阁府的调查显示，20多岁年轻人的生活满意度进一步升高了。

这就是说，现在的年轻人远比 20 世纪 80 年代经济泡沫时期的年轻人更加"幸福"。

但在我的记忆中，21 世纪第一个 10 年中期爆发出了大量关于青年生活的讨论，出现了很多概括"社会弱者"的代名词，比如茧居、尼特族、穷忙、零工族。众多观点认为，全球化、贫富悬殊社会、新自由主义、临时性雇佣等使得年轻人变得比以往任何时候都更不幸。

数据表明，同样有众多当代青年对生活感觉不安，更大比例的青年对社会不满，对未来不抱希望。这足以证明上面的讨论并非毫无意义。为什么会这样？古市以社会学家大泽真幸的论点为基础，做出了相当大胆而巧妙的解释。

大泽的论点是，人们之所以满口抱怨，经常诉说自己生活不幸，是因为他们相信"现在的生活虽然很苦，但未来会变好，会比现在更幸福"；但古市的解释则与此相反，他认为，当人们认定自己的未来不可能变得更好，就会回答"现在的生活很幸福"。这种逆向推理虽然有一定的说服力，仍然未能完全解开疑问。毕竟，"因为不抱希望，就感觉当下幸福"未免言之过甚了吧。虽然希望和幸福不能画等号，至少在我看来，当下拥有幸福感的必需条件之一，就是对未来抱有期望。关于这一点，我想我不是少数派。

回到古市的著述，他引用了 2010 年内阁府公布的国民生活满意度调查数据，其中"判断生活幸福度时最重视的事项"中，15 至 29 岁的年轻人中 60.4% 的回答是"交友关系"，这个比例远远高出其他年龄段。遗憾的是，我没有找到后几年按年龄划分的数据。不过可以推断，这个趋势至今不会有太大改变。

"社交沟通"和"（来自朋友的）认同"，对年轻人来说，是获得幸福的必备条件，我在对茧居者的临床诊疗中也感受到了这个事实。众多年轻人（或不限于年轻人）即使经济情况不太如意，只要有社交，有来自朋友的认同，也能感觉到一定程度的幸福。

或许应该说，在当代构成幸福的必要条件中，"社交和认同"的地位被抬得过高。

对于某些年轻人来说，"社交和认同"是随时

可以轻松获得的免费资源，同时对"社交障碍症"青年而言，又是无论花费多少代价也买不到的东西。我认为，这种差距正是年轻人"幸福"和"不幸"的主要分界线。

正如开头所说，现代年轻人工作的动力，是获得他人的认同。如果一个人过了25岁，还没有就业走上社会，就会"状况相当糟糕"。这种"糟糕"，不是未能履行成年人的义务，也不是生计难以维持，而是因为如果不工作，就无法获得同伴的认同，也就无法被异性接受。

即使是茧居在家的尼特青年，有朋友的话，也能过得还算幸福。一些对此颇为敏锐的尼特青年巧妙地利用网络，选择了不工作、只和同伴相连接便很满足的生活。确实，只要不惜劳力和时间，谁都能从互联网里获得金钱，虽然未必能维持生活，但可能性是存在的。比如参加抽奖、做众筹、拍卖赚差价、给调查公司提供数据、做营销推广、当网络主播等，方法有很多。尽管如此，为什么众多年轻人仍然希望获得正式雇佣，走出家门工作呢？这可能是因为在他们心里，"和伙伴做同样的事"是有价值的。

现代年轻人背负着相当沉重的焦虑和烦恼，同时对生活的满意程度也很高。毫无疑问，与朋友的"连接"支撑着高满意度。只要拥有人际交流，或在社交媒体上与人有沟通，便可以忍受真实生活中的一些不如意。可以说这就是当代日本青年的特征，"连接"带来的幸福感是自我满足式的，只限定当下，无法保证未来。

如森口朗先生在前述著作中指出，约有 10% 的学生能站到学校权力等级中的高层，60% 在中层，30% 落在底层。这个比例应该很符合大多数人的亲身感受吧。高层和中层加起来占了七成，他们的生活满足度相对较高。位居底层的，是"难以获得认同的弱者"，幸福感非常低。两者之间存在差距。

对于大约七成学生来说，当代校园是一个舒适且幸福的空间，对于三成学生来说，则是一个想获得他人认同而不成的痛苦之地。令人担心的是，在这三成人当中，也许就有未来的茧居者。他们在校园社交中无法获得人设上的认同，被迫位居权力等级的下层。这样的构造并非学校独有，从学校、职场到社交场，权力等级似乎无处不在。

给内阁府调查交出答卷的大多数年轻人也许属

于那七成的中高层，这个数字很接近对生活满足的年轻人的比例。另一方面，对生活充满不安的年轻人，可能就主要来自底层的三成。

所以这个调查结果并不是"同是年轻人，却出现了矛盾的回答"，而是更接近于"给出两种回答的人之间原本就存在偏差"。

负面人设，等同于最粗暴的刻板印象

若总结一下上述思考，我们可以从一个新角度来看自我伤害式自恋，就是在"人设认同"的反面，存在着"人设厌恶"。

一个人自恋的对象，原本是"真实的自己"，他未必愿意接受那个"被他人指定的人设"。这种差距也催生出了自我伤害式自恋。

这里重要的是，这个人未必知道"真实的自己"是什么，也不清楚自己的"人设"究竟是什么。我自己也如此。绝大多数人说到"真实的自己"时，只能做一些碎片性的描述。那么"人设"又如何呢？前面已经引用过濑沼的表述，学生被问到自己的人设是什么时，出人意料的是很少有学生能够清晰表述。也就是说，一个人的人设，也是一种难以言传的意象。即使是已经确立了人设的人，在进入角色时也处于半自动状态，没有明确的扮演计划，没有精密的演技操控。从这个意义上讲，当人们进入角色时，就已将自己的主体性交给了场景、气氛和人际关系。这样一来，"人进入角色"的状态很难说是主动扮演，但也不完全是被迫扮演，更接近"中动态"[1]——是现场气氛瞬时决定了人设的表现。

总之，既然对自己的人设没有准确的认知，那"厌恶自己的人设"又何从谈起呢？自我伤害式自恋呈现出的往往是"我本不应该是这副样子"的自我厌恶，换一种说法就是"我不喜欢这样的自己"。这种表达的背后，隐藏着另一种自我设定——"这才是我该有的模样"。

自我伤害式自恋的呈现，大多是"理想中的自己"在批判"不好的自己"。我之前提到过，执着于"理想中的自己"的，是自尊心。当然，"理想中的自己"的形象可能并不那么清晰具体，也许只是拿自己与"各方面都一帆风顺的同龄人"对比之

1　英文为 medio-passive，即非主动，也非被动的中间被动语态。

后得出的朦胧意象而已。

在这种情况下，"对自己的执念""准确的自我认知"和"自尊心描画出的理想自我"一并加固了自恋。是主体在"与他人比较"的自尊心驱使下，将"当下的自己"彻底推入一个负面人设，以此无情地批判和厌恶。这些批判也来自长期以来受到的内心创伤——人设角色始终未能得到集体认同。

曾处于权力等级下层的经历，会给一个人的今后生活带来一系列不稳定性。尤其是青春期被迫处于下层的经历，更可能形成心理创伤，给人生留下漫长的影响，即使之后事业成功，获得学生时代完全无法相比的更大的认同，这个人的内心创伤也很难消除。

我自己上大学时，在别人眼中是一个沉闷内向的"阴角"[1]，当然那时还没有这个流行语。这种定位至今仍影响着我，尽管当时没有人用这种形象嘲笑或霸凌我，仅仅是我自己认为"他们是这么看待我的"，我的内心已积累了创伤。说起来也许会被读者笑话，至今无论我们各自的现状如何，在同窗

1　网络流行语之一，反义词为"阳角"，两者都被用来形容人的性格，阴角指性格阴暗的角色，阳角指性格阳光的角色，是 ACGN 亚文化中的属性和人设之一。

会遇见当时处于学校权力等级上层的"阳角"同学时，我仍然会变得拘谨。要知道我现在已经 60 多岁了。我想，不止我一个人有这种感受吧。

阳光积极的人设角色，往往形象范围更宽、更多样，而负面的内向型人设，更容易被套入简单粗暴的刻板印象，比如"单身狗""宅男""恶心的死宅""儿童房里的老剩男"[1]等。模仿"性别认同"这个词的定义的话，人对自身人设的认知可以称为"人设认同"，那么**自伤式自恋者的人设认同，看上去接近于"他们先把粗暴的刻板印象强加到自己身上，然后毫不留情地批判这些刻板印象"**。

因此，他们不会说"我讨厌自己具体哪一点"，而说"我讨厌自己"。如果问他们"你讨厌自己的哪里"时，他们只会回答"没有一处不讨厌"或"全部"。这种回答恰好显示出他们不打算正确认知自己的人设。他们的人设认同看上去陷入了二元思维，不是"一切都好"就是"一切都糟"。

然而，他们的否定只是在否定自己的人设，不是否定自身。他们做自我批判的原动力是自尊心，

---

1 日本网络俚语，指单身中年男性，所住的房间从小时候的儿童房到长大后一直没有改变。

也是自恋的一种形态。这样一来，便形成了"出于自恋而做自我否定"的恶性循环。

"新型抑郁症"的诞生

"认同（连接）成瘾"引发了一些现象，我认为"新型抑郁""发育障碍"和"阴谋论"的背后都有认同成瘾的因素，这三项当然不是全部现象，但相对较新，且为人熟知。

在精神医疗中，疾病构造会随着时代变化而变化。20 世纪 70 到 80 年代，精神医学的焦点是分裂症，随着情绪障碍和发育障碍急速增加，焦点发生了巨大变化。

根据日本厚生劳动省的患者调查数据，1996 年抑郁症患者总人数为 43.3 万人，1999 年为 44.1 万人，2002 年为 71.1 万人，2005 年为 92.4 万人，2008 年为 104.1 万人，短短 10 年，人数增加了一倍以上。如此迅速增长的疾病案例相当少见。

更值得注意的是，近年增加的抑郁症大半与传统类型不同，因此被称为"新型抑郁症"。

关于抑郁症为什么会急剧增加，我们首先应该

自伤自恋的精神分析

看到媒体的影响。哲学家伊恩·哈金[1]提出"循环效应"的概念，即关于某种疾病的媒体报道会反过来增加该疾病的患者数量。制药公司的信息操控，和贩卖疾病焦虑（disease-mongering）的机制也很相似。始于 1999 年的宣传"抑郁症是心灵的感冒"，原意是消除患者的就诊恐惧，降低就诊门槛，但有观点认为，这项宣传最终增加了抑郁患者的数量。此外，20 世纪 90 年代迅速遍及日本的"全社会的心理学化"的风潮也是原因之一。更简单直接的原因，还有抗抑郁药物的改善率和缓解率之间的差距。SSRI 类[2]为首的新型抗抑郁药副作用较少，但效果并不如人们期望的那样高，改善率约为 80%，缓解率约为 40%，两者间存在差距。这意味着"有所改善但未能完全治愈"的患者数量在逐步累积。

当代的新型抑郁症的特征，首先是病情较轻，难以彻底治愈。其次，是患者的"生活方式"（性格）与症状之间的区别比较模糊。说到性格倾向，

---

1 伊恩·哈金（Ian Hacking，1936—2023），加拿大哲学家，"新实验主义"的代表人物之一。

2 选择性血清素再摄取抑制剂（Selective Serotonin Reuptake Inhibitor，缩写为 SSRI），是一类常用的抗抑郁药，自 20 世纪 80 年代后期开始用来治疗抑郁症、焦虑症、强迫症及神经性厌食症。

自私和责他倾向比较广为人知，比如有的患者被他人埋怨，"明明自称病了，请了病假不工作，却去外国旅行，让人反感"。也就是说，在旁人看来，抑郁之所以病情不重却难以治愈，是因为患者生活方式的影响更大。相对于"治疗疾病"，"改变生活方式"更难做到。

新型抑郁症的病因，通常被认为与过劳和职场压力有关。典型的传统抑郁症被称为内源性疾病，时常没有明显的发病诱因。新型抑郁症在这一点上有所不同，其年轻患者常被批评"太过脆弱"。我在前面说过，我不同意这种肤浅的批评，但也认为"认同导致的创伤"容易诱发新型抑郁症，年轻一代在"认同"的问题上比较脆弱。

在我的个人印象中，年轻的轻度抑郁患者，如果由擅长心理疗法的年轻医生负责治疗，通常会有较好的康复。如果这是一种普遍性的趋向，那么我们可以认为，在专业知识和治疗技术之外，还有其他要因，这就是年轻医生更能做到高度共情，能与患者建立更好的治疗关系（信赖）。

如果医生和患者之间缺乏信任，任何治疗都难成功。对于年轻患者来说，共情是构建良好医患关系的重要基础。年轻患者更容易信赖真心倾听他们故事、有共情心的医生，不信赖那些认为他们只是假装生病、有露骨的说教感的医生。基于此，我怀疑新型抑郁症的增加与"认同成瘾"之间有深层关联。

与年长一代相比，年轻一代对工作量和工作难度等压力的忍耐度并没有太大不同。反而，年轻人在许多方面比如电脑技能，会更得心应手。唯一发生明显变化的地方，是年轻人在人际交流上相对脆弱，尤其因为上司的一句话而受伤，转而抑郁的事例在明显增加。现在"职场霸凌"和"精神霸凌"等词已广为人知，也证明了职场压力问题之重。

根据 2016 年日本厚生劳动省劳动安全卫生调查的调查结果，约有 59.9% 的劳动者在职场和职业生活中感受到强烈焦虑、烦恼和压力。在压力的具体分类中，53.8% 的人焦虑于"工作数量和质量"，这个比重是最高的。其次，38.5% 的人焦虑于"担心工作会失败，会被究责"，30.5% 的人焦虑于"人际交流"。人际压力的问题呈上升趋势，若进一步恶化，有可能成为抑郁的诱因。

我要再次说明，年轻一代的就业动机是为了获得认同。不光是职场霸凌，有时仅仅是一点无意中的小提醒或批评，也会带上"撤销认同"或"负面看法"的意味，给一个人带来心理重压。而带来重压的，并非提醒或批评的具体内容，而是来源于本人冲动轻率的想法——认为"被外界批评"等于"认同被撤销"。

至此，我们来总结一下：职场中"认同成瘾"的倾向，有可能致使对"认同撤销"的过度敏感，从而引发内心创伤和焦虑，使得抑郁症容易发作。

并非所有新型抑郁症患者都会表现出自我伤害式自恋。有这个倾向的人在关系的最初会表现出责他性和以自我为中心，但随着关系的深入，往往可以看出他们实际上在为负面的自我形象（即"人设角色"）而苦恼。

被浪费化的"天才病"

因为"重视人设"，当今日本出现了"发育障碍[1]热潮"的社会现象。我认识的儿科教授一针见血

---

1 发育障碍（Developmental disorders），也称心理发展障碍，是一类儿童学习障碍和相关的发育障碍的总称，本节提到的多种病症都属于发展障碍之一。

地将这种情况称为"发育障碍的泡沫化"。

现在，众多知名人士公开承认他们患有阿斯伯格综合征或注意缺陷多动障碍（ADHD）。他们的自白并非全部基于严格的医生诊断，但我们越来越熟悉这种叙事——一个看似非常适应社会的成功人物，实际上患有"发育障碍"，这已成了一种固定情节。"怪咖学霸"或"孤独症天才"的叙事也一样，在普通日常生活方面有欠缺的人，拥有其他方面的特异才能，也成了一种叙事定型。

通过强调叙事中"天资"的一面，发育障碍变得更容易得到人们的认同。相关当事人更容易公开承认，描述自我症状可以成为一种获取认同的有效手段。

近年来，发育障碍的急剧增加在日本尤为突出。过去被称为"广泛性发育障碍"[1]的患病率，在日本约为2%，几乎是欧美调查结果的两倍以上。根据日本文部科学省在2012年发布的调查报告，就读于公立中小学正常班的儿童当中，患有发育障碍

---

1 广泛性发育障碍主要表现为人际交往障碍，交流沟通障碍以及兴趣和行为方面的异常。阿斯伯格综合征、孤独症谱系障碍都属于广泛性发育障碍。

可能性的儿童高达 6.5%。

发育障碍是与生俱来的脑功能疾病，在日本患病率如此之高，显得有些奇怪。从我个人经验来看，我接待的"发育障碍"的患者，无论他们是由专业医生还是非专业医生介绍来的，误诊率都非常高。我并不是这方面的专业医生，之所以能明确地说是"误诊"，是因为这些患者是可以"治好康复"的。

发育障碍是一种先天性的脑功能障碍，用"治疗"或"康复"之类的表达并不合适。虽然听起来很奇怪，但我不得不说，能够"康复"的人，便是被误诊了。

"ASD"（孤独症谱系障碍）的诊断，重视以下三种障碍：

一、社交性障碍

二、沟通障碍

三、想象力障碍

第三种障碍有些难解，通俗来说，就是不擅长做"角色扮演"，不擅长做"想象出来的游戏"，而表现出独特的强迫性执念和基于此的奇怪行为。我认为日本之所以会出现特有的"发育障碍泡沫"，是因为日本社会中存在"过度偏重社交能力"的

　　　　　　　　　自伤自恋的精神分析

倾向。

那些在校园权力等级中处于下层的人，缺乏社交能力，与他人的协调性较差，他们经常被年轻的同龄人揶揄为"社障"或"阿斯伯格"。说出这些话的人，也许只是开玩笑，没有重大恶意，但我们可以通过这种轻微的歧视性思维，看到社交技能较差的个体的遭遇。

但这些个体并不是被一味排除的，这使得情况变得复杂。最近的小说和漫画中，明确设定为"ASD"的主角在显著增多。比如深受欢迎的《死亡笔记》，侦探主角"L"就是一个典型。L的智力异常高，社交性差，有各种各样的强迫性表现，角色个性异常分明。现在这类人物开始成为众多娱乐作品的主角。

这类角色设定的固定套路中，阿斯伯格综合征最有人气。许多名人开始公开承认他们患有阿斯伯格综合征，其中很多人之所以受欢迎，似乎仅仅因为他们呈现出了类似于这种病症的人设。

也就是说，这类病症的患者因为欠缺协调性，被视为不合群的存在，在日常世界里往往遭到排斥，但在虚构或非日常的环境下，却以"角色设定"

的形式受到欢迎，呈现出了一种扭曲的被接纳。

我认为在"发育障碍泡沫"的背后，也有"认同成瘾"和"人设文化"的因素。社会越来越承认沟通技能和人际关联的重要性，比以往更要求一个人具有高度的沟通和为人处事的技能，这为"认同成瘾"打下了基础。如果从前的我进入年轻一代的群体中，很可能会被贴上"社障"或"阿斯伯格"的标签。我这么说不是谦虚，也认为轻易给人贴标签的社会不正常，但我依旧能想象出在那种状况下我将活得多么压抑。

由于社会的要求水准在上升，其结果就是导致人们对于"异常"变得更加敏感，哪怕是一些很轻微的离群值，也会被贴上"异常"的标签。换句话说，一个人在过去可能只是"不会看人眼色，偶尔举止怪异，孤僻不合群"，到了现在，就成了"他是'阿斯伯格'嘛"。这种风潮显然是错的，我确信，其背后确实存在着对认同的成瘾依赖。

反过来说，大众刻板印象里的发育障碍会被当作一种人物设定。只要顺利找到自己的立身之位，而且本人不过度以自我为中心，"ASD"型人设和"阿斯伯格"人设等都有可能成为深受喜爱的存在。

在动漫等虚构作品中，这些角色通常被广泛接受。然而必须指出的是，**这种"爱"，有可能增强"观赏珍奇异兽"式的偏见和歧视。**

自伤式自恋者也有可能主动给自己贴标签："我不行，是因为我有发育障碍，这种先天性脑功能障碍一辈子都治不好，因此，为改变现状而努力是徒劳无功的。"这种逻辑当然不对，而且会助长偏见，对所有被诊断为发育障碍的人来说不公平，这是一个值得关注的问题。

沉迷"阴谋论"也是一种成瘾行为？

自特朗普总统时代以来，"虚假新闻"（fake news）、"后真相"（post-truth）等词开始广泛流行。这些并非特朗普时代独有，现在在新冠病毒疫情和俄乌冲突等事上，也出现了大量人群——他们深信反常识和反科学的言论，高声公开与人争论。这些人不仅没有受到批评，还牵连出拥有相同观念的同伴，争取到了一定数量的支持者。为什么会这样呢？

如果能让曾经深信阴谋论、后来从中脱身的亲历之人来解释肯定最好，但这样的人并不多。而且曾经沉迷阴谋论这种事，说出来并不光彩，他们不愿谈论也在情理之中。

但我还是在推特上发现了难得的当事人证言。发言者是高知东生，他是演员，也是成瘾症患者。以下引用一些他的发言：

> 2021-01-29 21:04:25
> 高知东生 @noborutakachi
> 说出来很羞惭，我差点儿相信了阴谋论。有一天我和朋友聊天，有人告诉我"高知，你的信息太偏执片面了"，我很吃惊。我根本不知道，YouTube 会根据我看的东西推送更多相似视频。如果不是朋友提醒我，事情可能会变得很糟。

> 2021-01-31 23:33:57
> 高知东生 @noborutakachi
> 我曾把"不要相信人的表面，要看穿他的背后心思"当作至理名言。之前我看了太多的YouTube 视频，差一点儿沉迷上阴谋论，但后

来仔细想想，我其实连事情的表面也一无所知。我既不懂相关知识，也懒得去了解，因为只要相信"一切皆阴谋"，即使不去认真查找理论依据，也能获得一种看穿背后真相的快感，不费力气，又让我感觉自己很聪明。

这是一份需要勇气的证言。高知自我批评"没有知识""不聪明"，但他有条理的分析无疑出自智慧。

根据高知的论述，我总结了以下几点：

有些人很容易被单纯而斩钉截铁的结论所吸引，因为这种结论简单易懂。如果让专家谈论一件事，专家会从多个角度展开复杂论证，结论既模糊不清也没有定数，导致大众并不喜欢听。

对自己的智识缺乏自信的人，常常会涌入YouTube和社交媒体，被简明易懂的"不为大众所知的背后真相"而吸引。"背后真相"是"表面知识（一般常识、有理论事实根据的信息）"的元层次，其蕴含着一种逻辑——"表面上是这样，但实际上……"。与其费尽力气去学习表面知识，只需一步就能获得易懂的小众消息，更能让人体会到优越感。

　　我不是在说别人。学生时代我也曾险些沉迷荣格的神秘主义倾向，如"同步性""曼陀罗"等。当一个人对智识怀有自卑时，就会渴望通过"背后真相"来实现逆袭，我对这种思路有深深的共鸣。"通过这个，我彻底懂了这件事！"这种快感固然也是智识在起作用，却是一种极其危险的诱惑。

　　"我知道这件事背后的所有真相！"这种快感虽然是个人体验，但个人体验一旦被社群共享，就会给人带来"我被他们认同了，我有了伙伴"的快感："我有了归属，我们是团体，在共享这个世界的背后真相。"这种快乐超越了自我满足，一般人很难从中脱身。高知很幸运，他在归属于群体之前先意识到了不对劲。其中是否涉及"人设"的要素，尚未得到论证，不过我们可以认为，阴谋论之所以广泛传播，"认同成瘾"无疑发挥了一定作用。

　　　　　　　　　　　自伤自恋的精神分析

第三章

解开过去的诅咒

主动选择与自我伤害式自恋共存的人生，

也没什么不好。

与其完全克服，不如适度共存

以上，我讲解了自我伤害式自恋形成的背景，涉及社会性和文化性。或许有人觉得奇怪，既然这是精神科医生写的文章，首先该谈到病患的个人因素，而不是归因于社会和文化背景。

确实是这样，但我需要解释一下，我专门研究茧居。在茧居的过程中，个人因素绝不可小视。但茧居和拒绝去学校上学一样，任何家庭的某个孩子都有可能经历，也即造成一个人茧居的背后，有社会和文化等背景因素，可以发生在任何人身上。如果在谈论茧居时，只将原因归结为父母的养育方式或个人的内心创伤，就会变得相当矛盾。

同样，"自我伤害式自恋"也是任何人都可能拥有的"问题"。关于自我伤害式自恋的起因，有些人是与父母不和，有些人是在校园权力等级中受伤，有些人是先经历了拒绝上学之后再开始茧居不出。从这个意义上说，自我伤害式自恋作为一种自恋的模式，完全不是特异的，甚至称不上是病征。

当然，自我伤害式自恋有可能带来压抑感，让人感觉活在世上举步维艰，但未必会降低一个人的社会性功能。与其完全克服自我伤害式自恋，不如与其适度共存，就像有的人主动选择了茧居不出也无可厚非。所以我认为，主动选择与自我伤害式自恋共存的人生，也没什么不好，是可以接受的。

也许有人会提出另一个问题——别看"自我伤害式自恋"有个夸张的名字，其实和之前流行的"成年儿童"（Adult Children，简称 AC）是一样的吧？确实有一些相似之处，但 AC 有低自尊的特征。

AC 原本并不是指"孩子气的成年人"，而是"在酗酒家庭中长大成人的孩子"，即"Adult Children of Alcoholics"的缩写，起源于美国的成瘾症治疗现场，进入日本后迅速形成舆论轰动。

然而在日本，这个词在传播过程中，丧失了原有的"酗酒家庭"的含义，变成了在儿童虐待、家庭暴力等功能失调家庭中长大，承受精神重压之人的广义性术语，在 20 世纪 90 年代后期掀起热潮，进入 21 世纪后逐渐减弱，现在成了废词。

就不详细介绍 AC 了，这个词既不是医学术语，也不是诊断病名，和"自我伤害式自恋"一样，是为了唤起个人醒悟的用语。毫无疑问，这个词拯救了很多人。这些人原本模糊地意识到痛苦难耐，这个词出现后，才蓦然醒悟自己的痛苦实际上是由功能不健全的家庭引起的。然而在热潮中也出现了一些情况，比如"醒悟"后的孩子开始无情鞭笞父母，热潮之所以在几年内结束，也许与这种情况也有关。

我在提出"自我伤害式自恋"的概念时，意识到这两个术语之间的"近似"，但故意没有与 AC 联系在一起。原因之一是 AC 这个术语中已牢固嵌入了"由功能不健全家庭所引起"的因果关系。而自我伤害式自恋的原因极其多样。基于此，我认为在提及"自我伤害式自恋"时，最好与因果关系保持距离。

原因之二，是两者的状态不一致。精神科医生竹村道夫列举了 AC 的如下特征：

· 没有自信，无法做出自己的判断。

· 总是需要他人的同意和赞扬。

· 容易认为自己与他人不一样。

· 容易受伤，倾向于茧居独处。

· 孤独感和自我排斥感。

· 情绪波动剧烈。

· 很难将一件事做到最后。

· 习惯性说谎。

· 容易感到罪疚，易自罚，易自虐。

· 过度自责，同时又无责任感。

· 做不好对自我情感的认知、表达和控制。

· 对自己无法做到的事情易过度反应。

· 容易沉迷于照顾他人。

· 过度自我牺牲。

· 容易沉迷事物，难以改变方向。易冲动、易
立刻行事，由此引发很多问题。

· 依赖他人。或者反过来极度操控他人。

· 不能轻松地享受和放松。[1]

1　引自竹村道夫《成年儿童》，赤城高原医院，1999 年执笔、2003 年改
　　订。——原注

如上所见，两者确实给人相似的印象，但有些项目不太符合自我伤害式自恋，例如"说谎"和"过度自责"。我提出"自我伤害式自恋"这个概念不是为了诊断或确定病因，而是希望引发当事人的"醒悟"。我希望有些人看到"你讨厌自己，有可能与'你喜欢自己'是一枚硬币的两面"之后，能够更深地走入内心，进行自省。

原因之三，自我伤害式自恋的"原因"有各种各样的类型，有些知道了就能解决问题，有些了解问题之后距离解决就近了一步，有些即使找到症结也无法解决（比如父母已故等），进一步的处理也需视具体情况。反过来，AC 这个词本身已关联了"父母的责任"，我想避开这一点。

在我听到的关于 AC 的描述中，我最认同的是"不知道自己的责任范围"。他们对"所有坏事"负有过多责任感，故而无法做出实际负责任的行为。这一项与"自我伤害式自恋"有距离。虽然"全部都是我的错"有可能导致"讨厌自己"，但从"讨厌自己"未必能直接上溯到"全部都是我的错"。

"自我伤害式自恋"的性别差异

提及 AC，是为了牵引出"自我伤害式自恋"中的家庭因素。前面我讲到了导致自我伤害式自恋的几个成长环境之外的因素，比如校园权力等级和茧居，这些创伤性的经历令人进一步内化负面性人设，当事人会转而将厌恶投射到这些人设之上。即使是拥有健康自恋的人，也可能因为类似经历而陷入自我伤害式自恋。

成长环境不是唯一的原因，但毫无疑问，"父母的养育方式"可以视为一个重大要素。在这一章中我想详细地谈一下。

单从个人经历所见，我有一种印象，**与男性相比，女性的自伤式自恋更多源于父母**。当然，很多男性的自伤式自恋也源于父母的虐待，但通常来说，这样的人更容易抱有 AC 式的纠葛，不仅仅是单纯的自我伤害式自恋。毫无疑问，虐待会带来非常严重的影响，AC 仍属于轻度范畴，进一步发展成极为严重的精神障碍"复杂性创伤后应激障碍"（CPTSD）也不罕见。无论哪种情况，都会伴随"自我伤害式自恋"类的内心冲突，但这种冲突已不再是主要"症状"。

本书旨在提出一种不能明确称之为疾病，但会长时间降低人生质量（quality of life[1]）的内心纠葛，即"自我伤害式自恋"。抱有这种纠葛的人，虽然可以努力地适应社会，却会感到一种长期而慢性的窒息。在这一点上，就我自己的经验而言，并没有很多男性的自伤式自恋的主要起因是父母的养育方式。相反，我觉得男性的起因更多来自青春期之后的人际关系、校园权力等级、遭遇霸凌、不愿去学校、茧居经历、缺乏恋爱经验、缺乏（与年龄相符的）社交经验等。

然而说到女性，事情就有些不同了。对于女性来说，与父母的关系，尤其是与母亲的关系影响非常大，远超男性的母子关系影响。从这个意义上看，女性的自伤式自恋可能与男性的截然不同，完全是另一种东西。

母亲支配女儿的身体

从这里开始，我想集中谈一谈母女关系的特殊

---

1 一般翻译为"生活质量"，在此我想称之为"人生质量"。——原注

性。在母亲和女儿之间，存在着与父女、母子、父子等都不一样的特殊关系。简而概之，母女之间很容易陷入无意识的支配关系，而由于双方都没有意识到这点，更容易关系恶化。

"毒亲"这个词指的是"对孩子有毒害的父母"，最近变得很常见，其中涵盖了虐待孩子的父母。更多的情况是"持续对孩子进行心理暴力而非身体暴力的父母"。与直接的身体暴力相比，心理暴力更暧昧模糊。在我印象中，"毒亲"的指控，最多见的就是女儿指控母亲。

"毒亲"一词涵盖的具体情况各异。有的母亲有极强的控制欲，让女儿在非常压抑的气氛下长期痛苦。有的女儿与母亲过于亲密，以至无法独立。有的母女关系表面上看起来良好，一旦遇到偶然契机，就会暴露出不堪入目的暗处。

当然，父子之间也可能存在重大问题，但问题的性质要简单得多。如果父亲是敌人，只需做象征性的"弑父"即可。具体办法说起来，可以是获得比父亲更优越的人生，或断绝父子关系，等等。母女关系之所以复杂，是因为同等意义上，"女儿弑母"几乎是不可能的。

我注意到母女关系的这种特殊性，曾写过一本名为《母亲支配女儿的人生》的书（NHK Books，2008年）。母女问题并非东亚文化圈独有，在欧美，有关母女关系复杂性的书也非常畅销。这意味着母女关系是人世间普遍存在的问题。心理学家兼临床心理医生信田佐代子等人就此发表过多本专著，最近漫画家田房永子[1]也通过漫画、随笔和社交媒体在积极发声。

接下来，我想简单解释一下我自己对母女关系问题的部分理解。

我的论点相当简单。为什么母女关系特殊呢？归根结底，**因为母亲和女儿双方共有"女性的身体"**。或许有人会指出，父亲和儿子也共有身体，但从精神分析的角度极端地说，男性不持有"身体"。"身体"对健康男性来说，在某种程度上是"透明的存在"，他们在日常生活中几乎不会意识到自己的身体性。只有在特殊情况下，比如生病时，

1　田房永子（1978—　），日本漫画家、散文家。2012年出版了漫画随笔《母亲真辛苦》，描写了与母亲的矛盾冲突。和上野千鹤子合著《从零开始的女性主义》。

才会感到这种身体性。

对此当然有人会有异议。大家可以认为，我这个论点是将男女的社会性别（gender）做了抽象化处理，与女性相比，男性的身心构造决定了其更难意识到自己的身体。

而与男性相比，女性在日常生活中不得不时刻注意到自己的身体性。即使身体健康，她们也比男性更经常感到身体上的不适，比如月经等。另外有低血压、便秘、起身晕眩、头痛等不适症状的女性比例也远远高于男性。她们被迫更频繁地意识到自己的身体。

第二个因素是性别偏见。有个词叫"女人味"或"女性气质"。大家可以试着想象一下"女人味"的构成要素。比如温文尔雅的举止、温柔的说话方式，或者漂亮服饰和优雅仪态等，许多元素都与身体性密切相关。这就是说，**若想将一个女性培养成为"女性"，需要将她视作"被观看的性别"，迫使她获得"女性化"的身体**。

同时，还有抽象的"女性气质"，如"温柔""善解人意""娇媚""低调内敛"，本质上是男性价值观（强悍、积极、按逻辑行事）的反面，这些"女性气质"的导向，可以说都是抑制并强迫主体放弃欲望。

简而言之，"女性气质"的矢量朝向两个矛盾的方向：其一，是渴望获得"可以使他人产生欲望"的女性化的身体；其二，是坚持"女性化的态度"，从而压抑自己的主体性欲望。在这个过程中，**关于"欲望"，前者是肯定的，后者是否定的，这就出现了矛盾**。这种所谓的"女性气质"中潜伏着悖论和矛盾会激发出女性特有的空虚感和抑郁。

"规诫教育"让女性获得了女性的身体性和态度，有了"女性气质"。在家庭中只有母亲能担当"教育"的职责，通过无意识地支配女儿的身体开始。请注意，不管其目的是正当还是扭曲，首先都是"通过身体的同一化来进行支配"。正是这一点使母女关系变得特殊。在无法共同体验身体规训的母子、父女、父子关系中，看不到这种特殊性。

母亲对女儿的支配有很多形式，其中"抑制""献身""同一化"是比较有代表性的。

最露骨的支配，是通过语言来进行的"抑制"。其中包括简单的禁止命令，但不仅限于此。例如，在漫画家萩尾望都[1]的作品《我的女儿是蠑螈》中，母亲一直把女儿说成是一只蠑螈，由此女儿看自己，也只能看到蠑螈的样子。在这种情况下，是母亲的话语对女儿产生了决定性的影响，构建了女儿的身体。而这一切只是因为母亲自己认为"这都是为了你好"，出于"一片好心"才说出这些话的。

父母无意中的一句话，有可能成为女儿一生的重负，这在漫画家吉永史[2]的作品《亲爱的女儿们》中也有所体现。书中主人公的母亲麻里是一个足以令路人回首的美人，但主人公的外祖母一直对女儿麻里说"你根本就不漂亮"。外祖母担心，麻里会因为过度被人瞩目和赞赏而变得傲慢，所以坚持女儿"不漂亮"的观点。这句话变成咒语，咒缚了麻里的人生。尽管麻里长大出落成美人，年龄渐长后也过上了充实的生活，但她始终未能摆脱对容貌的自卑，终生为无法顺利做出自我肯定而痛苦。

外祖母说出的"咒语"，初衷无疑是为女儿好。**但是"咒语"这种东西，都是从"为你好"开始的。**

1　萩尾望都（1949— ），日本少女漫画家，漫画风格横跨科幻、奇幻、恋爱喜剧、神秘与悬疑等领域。
2　吉永史（1971— ），日本漫画家，代表作有《西洋古董洋果子店》《大奥》等。

外祖母本应该这样说："这个世界上你最好看了，但是你不能骄傲哦。"

这句话之所以变成"你根本就不漂亮"，除了支配欲之外找不到其他原因。每个人的心底都潜藏着想要支配他人、改变他人的欲望。男性的支配欲更易被看出，故而引发反感和批评，但女性的支配欲通常隐藏得很深，甚至本人都没有自觉，这种强大的影响力可能会持续很长时间。

"否定"和"牢骚"背后的支配欲

在我的经验里，自我伤害式自恋者中的许多女性持续遭受母亲的否定。其实也不仅限于女儿，对儿子来说，"持续遭到父母否定"的影响基本上也会贯穿一生。很多茧居者对于自身的成长遭遇怀有强烈愤怒，他们中的有些人完全不和父母说话，也不见面，这不是疾病的症状，更像是他们在倾尽全力报复父母。有些父母向我咨询，在这种情况下该如何修复亲子关系。这种情况与疾病不同，我只能回答："你们需要道歉，直到孩子原谅你们为止。"

有些女性从青春期起就一直是"母亲负面情感

的发泄口"。奇特的是，很少有母亲会向儿子口无遮拦地发泄牢骚，但母亲特别喜欢向女儿（且往往是长女）尽情倾吐心中的不满。

也许母亲并非故意将"否定"和"牢骚"做成女儿限定套餐，但这确实是一种非常巧妙的支配手法。为什么这么说呢？当女儿持续受到母亲的否定时，她的自尊心和自我价值感就会降低。如果再加上母亲的牢骚愤懑，女儿会认识到母亲是需要自己去关爱和照顾的。在这种状态下长大的女儿会形成一种观念："我没什么价值，但至少能照顾母亲。"

即使女儿在某个时间点感到自己遭受到了不公正对待，为之愤怒，即使她想把心中激愤发泄到母亲身上，也依然会犹豫、退缩。哪怕女儿离开母亲，也可能在很长时间里为"我放弃了照顾母亲的责任"而深感内疚。所以，虽然对母亲的心理控制心存怨恨，最终却重返母亲身边的女儿并不少见，我不认为这种事例体现了"美好的母女牵绊"，相反，这不是美谈，更像是母亲担心自己年迈失智后被女儿抛弃而实施的带有时间差的"后催眠暗示"，是支配手段。

"弑母"的困难性

母亲给女儿说的很多话，其实是母亲无意识的自我表达，即母亲通过倾诉内心纠葛，给自身找到了复生的途径。这时，母亲的身体性通过"母亲的话语"传达给了女儿。可以说，每个女儿的身体里都安装并深嵌着母亲的话语。因此，无论女儿如何在表面上否定母亲，也只能活在早已安装完毕的母亲的话语里。"弑母"之所以极其困难，是因为消除内在的母亲的话语极其困难。

"献身"也可以是一种支配形式。母亲的支配并不总是高压强制和下命令，有时从表面上看只是极具善意的奉献。

有的母亲为了给女儿交学费而千辛万苦地工作，有的母亲在女儿独立后依然频繁联系，指点女儿的人生，这些善意都无可非议，不能拒绝或否定，即使女儿们暗中意识到了这其实是一种支配手段，也会因内疚而无法逃避。临床心理医生高石浩一将这种支配形式命名为"受虐型支配"（masochistic control）。

受虐型支配对儿子几乎不起作用。儿子几乎不会对母亲的奉献感到内疚（也很少感激），这里存在着性别偏差。或者说，女儿们感受到的罪恶感可能很特殊，其根基正是母女的身体同一化。

所谓"同一化"，简单来说，就是母亲期望女儿代替自己重塑人生，其中包含了"抑压"和"奉献"。这种形态下，母亲自私利己的一面可能最为明显，会引发女儿强烈的反感。然而，当这种支配形态顺利成型，就会形成同卵双胞胎式的母女关系。同一化进展到了这个阶段，双方很难再有支配和被支配的自觉，可以这么形容：双方已经在细胞层面上融为一体了。

有人会说，既然讨厌被母亲支配，逃离不就好了吗。确实，分开居住或保持一定距离地生活在某些情况下是有效的，然而实际做起来并不容易。面对母亲的控制欲，女儿无论是服从还是抗拒，都会感到一种女性特有的"空虚感"。尤其是那些抗拒或逃离的女儿，虽然会感觉解脱和轻松，但同时也会背负上强烈的内疚。所以尽管很多女儿在母亲身边境遇糟糕，最终依旧会选择回到母亲身边。这也是母女之间的支配通过同一化已深入到了"细胞融合"的阶段。

"弑母"之所以极其困难，正是因为弑母等于杀死自己。

为了解开亲子之间的咒缚

不仅是母女之间，所有亲子关系都会对孩子的自恋心理产生巨大影响。我其实不想在当今的时代再去给"3岁神话"[1]唱赞歌，不过，对成长理论产生了深远影响的依恋理论（attachment theory），其实支持了3岁神话的观点。孩子若想获得相对稳定的自恋，需要父母给予无条件的肯定。考虑到许多患者至今依然深受儿童时期父母否定性言论的折磨，我甚至认为，家长可以给予子女的最好礼物，就是健康的自恋。这里所说的"家长"指的是"孩子身边的长亲"，并非一定是母亲。考虑到成年后再去修复自我伤害式自恋所需的成本，从小培养孩子的健康自恋是值得的，任何家庭环境都可以培养出健康的自恋，堪称高"性价比"。这一点强调再

---

1 指一种育儿观念，认为幼儿的大脑成长在3岁之前至关重要，能在外界干预下塑造得更好。同时也有观点认为，直到幼儿长大到3岁为止，母亲都应该专心培育孩子。

多次也不为过。

谈到培养健康的自恋的教育方针，现在可以参考依恋理论。

依恋理论的提出者、英国精神分析家约翰·鲍比认为，为了让婴儿确立更稳定的自我形象和身份认同，养育者能给予其稳定的亲近（attachment）是至关重要的。婴儿会用哭泣表达不安和不适，寻求碰摸和惜爱，养育者此时予以回应，由此双方产生相互依恋。回应越密切，越有助于建立稳定的依恋关系。如果在这一时期未能形成依恋关系，孩子会出现依恋障碍，导致身心不稳定和行为障碍。

乍看上去似乎和"3岁神话"类似，似在强调母亲不在身边有碍儿童3岁之前的大脑的健康发育，但是与3岁神话相比，依恋理论有可靠的证据支持。此外，依恋理论中的依恋对象可以是母亲、父亲或祖父母，不过分高估母性也是其重要特征。

所谓的依恋障碍引发的问题很广泛，不仅限于自我伤害式自恋，此处不再深入讨论。仅以我的印象来看，导致自我伤害式自恋的亲子关系问题，比起幼儿期，青春期以后更显著。即使是在寻常养育环境中长大的人，在童年以后受到父母，尤其是母亲的否定性对待后，也有可能产生自我伤害式自恋，这种情况并不少见。与前面提到的 AC 一样，自我伤害式自恋可能是依恋障碍的部分症状，但不是全部。

由此我认为，自我伤害式自恋并不具有依恋障碍那样深层的病理性，相反，一个人的自恋有可能健康成长到某个时期，到了青春期之后，受到身边的重要人物（通常是父母）的伤害后发生扭曲，从而发展成自我伤害式自恋。当然，大家可以认为这只是我的私人独断，敬请无视。我之所以这么认为，是因为不管这种自恋呈现出多么严重的自我伤害，根底里仍然可以看到一定程度的健康自恋。这一点无论男女都适用。

如前所述，男性的自我伤害式自恋的起因，一部分源于父母，更多的是在学校或职场受到羞辱和霸凌后导致的尊严受伤。从这个意义看，与 AC 或依恋障碍相比，自我伤害式自恋的病源更浅。但我要强调，根源浅不意味痛苦程度较轻。不过因为根源较浅，恢复的可能性似乎更高一些。

再回到母女关系的问题。无论根源多浅，如果支配与被支配的关系持续多年，自我伤害式自恋的程度有可能会变得更深、更慢性、更牢固。那么如果意识到问题所在，希望解决问题，应该采取怎样的行动呢？由于亲子关系的多样性，此处无法提供简单普遍的解决方案，不过我可以提示大致方向和启示。

亲子关系的问题并不会因为父母去世而解决，反而可能会长期存留。在亲子关系修复之前，父母罹患认知症或因病去世的情况并不少见。孩子恢复自我认同的机会因为父母的去世而丧失，现状无从改变，这是一种悲剧。

当女儿察觉到母女关系存在问题时，应该如何摆脱这种关系而自立呢？前面提到的解决方案首先是"察觉问题所在"。我强烈主张"一切母亲都是毒母，一切母女关系都是支配关系"。这话听上去太过绝对，这么说是因为我有危机感，如果不使用过激措辞，当事者很难察觉到问题。从这个意义上说，"毒母"和"AC"一样，是"激醒当事者"的词。

那么，察觉问题后该怎么做呢？关键是"相对化母亲的权威"。

对于女儿来说，母亲可能是一个特殊的存在，同时，她也是一个不完美的女性。理解这一点至关重要。某位作家提供了建议——"听听母亲结婚之前的事"，这是一个不错的主意。通过了解母亲还不是妻子和母亲时的经历，或许能让"母亲的重量"变得稍轻一些。

我还想推荐"分居"。若长期与母亲共同生活，女儿几乎不可能做到精神上的独立。如果不得不在金钱上依赖母亲，分居也许会很困难，那可以在接受经济援助的同时，尝试远离一段时间也是有意义的。即使以后重新返回母亲身边，不定期地与母亲保持距离也会令你重新审视母女关系，这是你走向自立的重要第一步。

当然，父亲或伴侣等第三者的介入也有效。通常，母女关系在闭塞状态下最易出现问题。丈夫或父亲从他们的角度进行介入，是一种值得尝试的办法。

我过去经常主张"母女问题的幕后黑手是父亲"。当父亲疏于维护夫妻关系，失去妻子身份的母亲与子女的联系会更紧密和深化，几乎像复仇一样把父亲排除在外。这种紧密的亲子关系也可能发生在母亲和儿子之间，但由于身体上的差异，不似母亲和女儿那样容易发生"同一化"。母亲和女儿的紧密关系很容易导致"同一化"式的支配。

如果父亲意识到这个问题，与母亲面对面，重新审视夫妻关系，可能会给家庭带来积极的变化。有的父亲注意到这一点之后，可能会畏难，认为介入时机已晚，但无论如何值得一试。我希望父亲们能够不仅仅是为了女儿，更是为了家庭的"重生"而努力。

问题激化后，很多人不愿意和父母见面，拒绝交谈。这种情况下，子女可以果敢地放弃修复，淡化亲子关系。抛弃父母也是一种可行的选择，为此去做心理咨询也可行。

我在旁听亲子关系的修复对话时，会建议孩子先把所有感受都倾诉出来，包括怨恨和委屈。比较理想的情况是，孩子能在双亲面前一次性彻底倾吐。很多人通过一次彻底的倾诉能够实现情感切换；有些人则通过反复吐露对父母的不满，逐渐缓解情绪，改善了与父母的关系。

面对孩子的倾诉和非难，父母也许会感到非常痛苦。我的建议是，如果父母愿意为了孩子挺身而出，就得改变心态，做一个彻底的倾听者，参与治疗。也许这场对话需要十几个小时，我仍然希望父母能够只去倾听，不做任何反驳和自我辩护。在我看来，**这不是所谓的"治疗"（cure），而是更接近激发个体能量和健康的"关怀"（care）**。在治疗之前，我们先要做的是细心关怀。

也许有些读者读到这里，会生出一些遵循古训似的愤怒——无论多么糟糕的父母对子女都有养育之恩，把父母称为"毒亲"岂不是忘恩负义。然而，儒教伦理以孝为至理，用一个"孝"字掩盖了虐待、体罚、冷暴力等行为，也是事实。作为一个生活在现代市民社会、不受古训束缚的独立个人，我祈愿社会价值观能发生良好变化，祈愿深受母亲支配之苦的女儿们人数从此不再增加。

第四章

为了培育健康的自恋，
我们能做什么

在你自我否定的根底里，

一定有着自恋，

有想要珍重自己的意愿。

"自我认同"是自救时抓住的稻草

　　"自我认同"不是一个日常用词，它作为一个潜藏在日常背后的流行语，似乎已经有了稳定地位。以"自我认同"为主题的书可谓汗牛充栋，其中大多数书在指导读者如何提高自我认同感，有一些是积极心理学[1]的实际应用，还有一些参考的是认知行为疗法[2]，当然也少不了一些看似玄学的伪科学书。本书也将说到如何愈合自我伤害式自恋，所以

1　即 positive psychology，一门从积极角度研究传统心理学的新兴学科：采用科学的原则和方法来研究幸福，倡导心理学的积极取向，以研究人类的积极心理品质、关注人类的健康幸福与和谐发展。

2　即 cognitive behavior therapy，由亚伦·贝克在 20 世纪 60 年代发展出的一种有结构、短程、认知取向的心理治疗方法，主要针对抑郁症、焦虑症等心理疾病和不合理认知导致的心理问题。

也可算作"自我认同"类的书籍。

心理咨询师信田佐代子因为批评"自我认同"一词，曾引发过争论。信田解释她之所以不喜欢这个词，是因为"自我认同"充满了自我启发感，从某个角度上会让那些不能喜欢自己的人更加痛苦，使育儿变得更加困难。我基本同意她的观点。但就我的实际感受而言，早在"自我认同"一词流行之前，已有无数年轻人为"自我伤害式自恋"所困。我觉得他们为了自救，紧抓自我认同的稻草是无可奈何的事情。

本书不会详细描述或推荐提高自我认同感的简单方法，一部分原因是我意识到"自我认同"和"自恋"之间存在差异，之后将会详细阐述。**在自恋变得健康而成熟的过程中，过分急于追求自我认同反而是一种障碍。**下面我来仔细解释这一点。

首先我怀疑，"自我认同"这个词本身是否恰当。这个词现在变得如此普及，这么多人渴望知道如何获得自我认同感，这种强烈需求反映出无数人在否定自己、无法喜欢自己。出人意料的是，"自我认同"是个相对较新的词，1994年由心理学家高垣忠一郎提出。根据高垣的说法，"自我认同"意味着"一切都不要紧，我就是我，我可以做自己"，是对存在层面的肯定。[1] 我们完全可以把这种认同称为"自恋"。无论如何，这是一个富含深意的词语。

谈到自我认同，人们经常引用国际调查中日本儿童的自我评价明显偏低的数据。例如，日本内阁府做过一个包括日本在内的七国（日本、韩国、美国、英国、德国、法国、瑞典）13 至 29 岁的年轻人意识调查（2014 年）。调查数据显示，日本年轻人的自我认同感较低[2]。而在日本国立青少年教育振兴机构青少年教育研究中心进行的日本、美国、中国、韩国高中生意识调查（2015 年）中，回答"我觉得自己是个没用的人"的日本高中生比例最高，达到 72.5%。

不过，这种差异的背后存在着认同谦逊和集体协调性的文化背景，因此，并不意味着日本人的自我认同感不高，就一定是日本人很差劲。事情并没有这么简单。

再说那些自我启发类书籍，以及提高自我认同

---

1 引自高垣忠一郎退职纪念最终讲义《我的心理临床实践和自我认同感觉》。——原注
2 引自日本内阁府《平成二十六年版儿童・青年白皮书》。——原注

感的指南实用书，书里经常过于武断地下结论，认为"人必须自信，不然无法成功"，但真是这样吗？

不克服懦弱，而是坦城地肯定它

以运营百元店而广为人知的大创产业（Daiso），在日本国内拥有约3300家店铺，在全球其他26个国家和地区拥有约200家店铺，规模庞大，2019年3月末以销售额4757亿日元超过了养乐多（Yakult）、史克威尔·艾尼克斯（Square Enix）、雅马哈（Yamaha）等公司。然而，大创前社长矢野博丈却以经常发表消极言论而闻名。

例如"说到底，大创只是个浅薄生意"，"我已经劣化，没治了"，"我搞不懂顾客的想法"，"我就是个没用的普通老头"，"顾客很快就会厌倦的，长年以来我一直很害怕，怕到睡不着觉"，"我做的事情究竟是好是坏，只有等到大创倒闭那天才能知道"，"我没有什么经营计划和战略，也没有目标"，"人类没有预见未来的能力"，"人活着基本上不是一件快乐的事"，等等。这些发言是从一个已关闭的综合性网站上引用来的，未必完全可信，不过因其已在各处被多次引用，暂且当作事实来做下面的论述好了。

据说矢野前社长的座右铭是"为避免倒闭而努力"，这样的努力目标确实不是问题。或者说，社长以这种心态闯过了一道道难关，不知不觉中获得了成功，这也是完全可能的。正如我们所熟知的，成功者的自传和自我启发书籍就像"幸存者偏差"展览会。无数人使用相同的思维方式和做法，只有少数人能成功，少数成功者站在败者的累累尸山之上挥舞着拳头，高喊"要有自信！""只要努力就能成功！""总之要行动起来！"之类的口号，这就是成功者书写的指南书籍留给我的印象。所以我不太信任那些诉说"我只是运气好"的成功哲学。实际上，相当多的企业领导人的真实心声可能和矢野一样，没有自信，没有目标，承受着不安，先闯过眼前的难关再说。我们之所以不常听到，是因为企业高层发表这种沮丧言论会带给企业负面影响，领导者们很少有机会抒发真情实感而已吧。

这不仅限于企业经营，写作和创作等工作也是如此。

我是个懒惰的人，迄今为止几乎没有按时交过稿，还是在本职工作之外出版了五十多本书。那么，是什么驱使了我？纯粹是"如果我没能完成这篇文章，以后就没人找我写了"的不安和恐惧。正如后文所述，我是一个有强烈自恋的人，不过我写作的动力从来不是自信和自我认同感，毋宁说恰恰相反。动笔之前，我甚至不知道该写什么，最终在焦虑痛苦之下写完约稿。通过完成约稿获得的自信，可以在短暂一瞬间加固我的自恋，然而，这种自我满足只能持续数天，之后又会陷入自我折磨，"我再也找不到可写的东西了"。不是我一个人才有这种经历吧。

简单地说，**越是自我认同感强烈的人，反而未必能创造出作品**。回顾从前伟大创作者的实际情况，他们也不是每个人都在自信满满的状态下进行创作的。其中有些人和村上春树一样，在无意识中敲打键盘，一点儿一点儿写出了长篇小说，再慢慢沉浸到作品中做多次修订。大家认为村上这样的人会一边写一边觉得"我真厉害"吗？不会吧。也许在作品完成之后，他会稍微这么想一下，但我们并不会认为他傲慢吧。

更极端的例子是作家弗朗索瓦丝·萨冈。她曾写道："这世上真的有始终保持自信的人吗？我从来就没有过自信，所以我写作。因为没有自信，所以我是健康的。"[1]

20世纪60年代风靡一时的明星作家会这么说，想必绝非出自谦虚。在日本，还有太宰治。太宰曾写过："但是我们无法拥有自信。我们怎么了？我们并没有懒惰，过的也不是放荡的生活，我们还在悄悄读书。可是随着努力，自信也快消失殆尽了。"

"希望我们能珍惜这种'不自信'。不克服懦弱，而是坦诚地肯定它。祈愿我们能绽放出前所未有的绚丽之花。"[2]

太宰治就像自我伤害式自恋的鼻祖，他能写出这样的文章很好理解。他在《如是我闻》一篇中批评了"体育会系"[3]的、看起来自信心十足的作家志贺直哉[4]。现在看来这真是一篇"'现充'赶紧原地爆炸"式的批评。尽管太宰治如此评论，我依然认

1　引自《萨冈的话》，大和文库，2021年。——原注
2　《自信的空无》『太宰治全集10』，筑摩文库，1989年。——原注
3　日本俚语，泛指性格外向，积极参加社交活动，注重集体精神、忍耐力、顽强拼搏、上下关系和服从心的人。与之相对的词语是"文化系"。
4　志贺直哉（1883—1971），日本"白桦派"代表作家，被誉为"日本小说之神"。

为即使是志贺直哉，执笔写作时也并不总是自信满怀。我想，志贺之所以没有留下诉说写作艰辛的文章，单纯是他的审美不允许他这么做而已。

执笔时自信十足的作家真的存在吗？如果没有任何不安，他一定是动笔之前就已经知道该写什么了。不过我觉得这样的作品绝不会有趣。我写文章近三十年，知道只要动笔，最后总能写出些什么，我以这种心态写了五十多本书，仍然感到不安，永远在与"也许下一次真的什么也写不出来了"的恐惧搏斗。确实，我写了很多书，其中一部分至今仍被阅读，有人给出了高评价。可是很遗憾，这些"业绩"本身并没有为我增添自我认同感。

只有在写出满意文章的瞬间和之后几天里，我的自信才会有微小恢复。也就是说，我喜欢"正在写作的我"，如果写不出来，自信就会迅速衰萎。作家常说自己"最新的作品是最好的"可能就是这个意思。这类发言恰好同时体现了作家的不安和自信所在。与这种不安无缘的作家的作品我是不太想读的。

起起落落，是人之常情

虽然我只是个影响力微小的写作者，但我能断言自信和自我认同感不可能成为创作的动力。"我无法认同写不出文章的自己，所以我要写作"，在这个意义上，自我认同感可以充当一部分动机。然而，仅仅是自信之类的自我积极情感，很难成为创作的原动力。从我采访过许多作家和艺术家的经验看来，这是一种相当普遍的真理。

人有时会因绝望、失落或抑郁而造物、绘画或写作。我的年轻朋友坂口恭平[1]说，他在抑郁时会写大量的文章。他患有双相情感障碍，写作对他来说是一种自我治疗。有趣的是，他在狂躁状态下也能写文章，但抑郁状态下的文章更有深度，也更有趣。处于轻度狂躁状态下的人虽然有时创造力会提高，在数量上也许不输，但未必能保证高质量，文章有时很容易跑偏到陈腐和流俗的方向。大家总觉得，人在抑郁状态下显得沉闷无力，与创造无缘，但有趣的是，从抑郁中也可以提炼出创造力。

1　坂口恭平（1978—　　），日本作家、艺术家、建筑师，著有《拥抱躁郁：躁郁接线员的救助之旅》。

从以上经验来看，强烈的自我认同情绪很难长期持续。就我个人而言，我自步入50岁后半年以来，一周的前几天总是情绪低落，后几天才会变得积极起来。我曾考虑过很多提高前几天情绪的方法，都不见效，最终发现低落就低落吧，顺其自然是最好的。一周的后几天之所以会情绪高涨，应该在很大程度上受到了所谓"工作兴奋"的影响，这种变化可谓生理现象。

　　人类的情绪总和基本上是恒定的，高幸福度和自我认同感无法永久持续，这是一个事实。即使得到了一份从前憧憬的工作，和喜欢的人结成了伴侣，也会很快习以为常。幸福度和自我认同感在一定程度上是平行的，如果幸福度降低，认同感也会下降，但当你以为它的下降不会再停止，幸福度又会因为一件小事突然恢复。归根结底，幸福度和自我认同感总是上上下下，循环往复。**自我认同只是自恋的一个侧面，在另一个侧面一定紧随着自我否定和自我批判，这才是人之常情。**

狂热团体的洗脑手法

我曾经采访过一个狂热团体"幸福山岸会"。

山岸会是一个思想实践团体，曾在 20 世纪 60 年代受到反主流文化知识分子的高度评价，一度创建了世界最大规模的自治公社。山岸会生产的农产品曾在日本全国的百货商场里销售，并深受欢迎。山岸会的基本理念是放弃"我执"，通过"钻研"来实现全世界一体的繁荣。山岸会定期举办"特别讲习钻研会（特讲）"，广泛邀请普通大众参加。据说，众多受挫于学生运动的 70 年代大学生、80 年代为子女教育和生活方式而苦恼的主妇和上班族加入了山岸会。山岸会的"特讲"起到了某种洗脑的作用，所以我将其视为狂热团体。

"特讲"是学习山岸会基本理念的讲习课。

比如，在称为"愤怒钻研"的讲习课上，他们首先要求参加者说出令他们最生气的事以及为何生气。无论参加者如何解释理由，讲师也只重复询问"你为什么对此生气"这一个问题。这种问答一遍又一遍地进行，长达几小时。讲师面对参加者，时而挑衅，时而安抚，反复刺激参加者的感情，最终参加者会含着眼泪说"我现在已经不生气了"。虽然对此行为有各种各样的解释，实际上这可以算是一种相当强制性的人为制造"解离状态"的手法。解离是指意识变得狭窄，更容易接收暗示的状态，例如"催眠术"，就是人为制造解离的一种技巧。

山岸会要求会员入会时上交全部私人财产，即便退会时也并不返还，曾引发过一段时间的反对活动。我调查采访过退会者，震惊地得知其中很多人陷入了抑郁状态，后来甚至自杀身亡。一个主张寻求幸福的组织，反而起到反作用，导致了相当数量的不幸和死亡。这种事情在狂热团体内部常有发生。参与这项调查之后，我对所有即时提高幸福度和自我认同感的手法都产生了怀疑。

在网络上也充斥着各种"如何提高自我认同感"的信息。例如"书写出消极的事情""反复说肯定自己的话""睡前想一想当天发生的三件好事""改正悲观的思考方式""不看社交媒体""摆出有力的姿态，让身体显得强大"，等等。我没尝试过，但认为每种方法可能都有效。运气好的话说不定一个月之内就能变得很幸福。但在这之后幸福感还能持续吗？无法否认迟早会出现较大的反弹。

自伤自恋的精神分析

我敢断言，简单地提高自我认同感迟早会出现反作用。当然，我不是在全盘否定努力，毕竟自我认同感在提高之后，也许会成为人际交往和行动的开端，为进一步的自我成熟带来可能性。只是我个人无法轻率地向他人推荐这些方法。

对生命做价值判断是不可能的

在这里稍偏题一下。陷入自我伤害式自恋的人有一种典型的思维方式就是，希望通过"事业成功"等表征提高自我价值，以"成功"来实现自我认同。这是一种非常危险的陷阱，原因如下：

一、过高的目标会阻碍实际行动。

二、即使目标达成，自我认同感也未必能提高。

三、这是已被唾弃的优生学的想法，会导致自我污名化。

下面逐一解释这种思维方式为什么会导致问题。

一很容易理解。如果一个人把目标设定为"我要重新开始学习，考上东京大学"或"我想成为漫画家，出版畅销作品，变成有钱人"等，那么他其实非常清楚这样的目标很难达成，会首先产生"我反正做不到"的想法，缺乏自信，导致无法进入实际行动。而这种实际行动受阻、无法前行的状态又会导出"我果然还是个废物"的结论，使人陷入恶性循环。

至于二，前面已经说到，很多人表面上虽然获得成功，实际上依旧无法克服自我伤害式自恋。很多事例表明，成功未必能成为自信的源泉，有人费尽艰辛却没有得到预期的自信。当然，也有例外。

至于三，"我是个蝼蚁，一事无成，没有存在价值，还是死了的好"，这种言论很常见。"没有价值的人应该死"的想法，是典型的优生学论调。如果你认为"反正骂的是自己"，就可以随意自我谩骂，这是错误的。给自己烙印上无价值的标签，是自我污名化，会导致自恋萎缩，应该及早停止。

下面来解释一下优生学。

2016 年"相模原残疾人福利院杀伤事件"[1]发生之后，犯罪者植松圣的言行，竟然让网络上涌现出数量惊人的共鸣之声。植松认为，无法与人进行

1　2016 年 7 月，日本一家残障福利院前职员持刀进入福利院，杀死 19 人、杀伤 26 人，2020 年犯罪者被判处死刑。

沟通的"失心者"[1]没有生存价值，很多人赞同了这个观点。虽然很难确认，但我认为这些赞同者当中，有很多都是履行着社会职责的普通成年人。植松的"这个世上有些人没有活着的价值"的想法本身就是优生学观点中的一种。

优生学认为，只有优秀的基因才值得遗传，肯定了人工淘汰不良基因的正确性。然而对于人类生命而言，做"优质生命"或"劣质生命"的价值判断已经是优生思想。如果你认为"我是一个毫无价值的人，所以想死"，那么你心里已经有了优生思想的萌芽。

优生思想的起源是美国的种族优生观点，众所周知，后来由纳粹德国对此做出了彻底践行。纳粹德国以"民族卫生"的名义执行了多项优生计划，其中最著名的是"T-4 行动"[2]，20多万人因此死掉。可怕的是，即使希特勒发布了行动终止命令，民间依然继续进行"野生化的安乐死"（Wild Euthanasia）。即是说，很多人认为优生学是自然合理的。

1　植松圣的自造词，指无法与人进行沟通的重度残障病人。
2　第二次世界大战后，纳粹德国曾执行的系统性杀害身体残疾或心理、精神疾病患者的"安乐死"计划。

那么，优生学恶在何处？为什么认为有"优质生命"和"劣质生命"之分就是有问题呢？淘汰不良基因，提高全体国民的健康水平究竟什么地方错了呢？

这是一个难以用几句话概括答案的问题。如果从哲学的角度解释，最根本的原因在于"对生命做价值判断是不可能的"。生命是一切价值的基础。如果要讨论某种价值，就必须把"生命的平等性"作为讨论的前提。

如果试图质疑"生命的价值"，问题就完全会回到自己身上。如果将来你或你的家人因为疾病、衰老而变成"功能失常的人"，你会立即想死吗？即使你有自我伤害式自恋，也很难决定立即去死吧。这种"难"，就是你伦理观的守护墙。我们不应该以"是否有用"来判断人的生命，理由就在这里。

我之所以谈论这些，是因为曾有一个时期，一些茧居者发出呼声，希望法律允许"积极的安乐死"。呼声的主旨是，他们经历了漫长的茧居生活，生存对他们而言变得痛苦不堪，他们认为自己毫无生存价值，却也无法轻易选择自杀，如果安乐死合法化，就可以毫不犹豫地选择去死了。

我对安乐死合法化的立场是，不一概反对。同时我认为，如果只是因为精神痛苦而寻求安乐死，就应该排除在外。在日本东海大学医院医生为癌症患者注射氯化钾导致患者死亡的判决（1995年）中，法官提出了积极安乐死的四个条件。从这四个条件来看，仅有精神上的痛苦不可成为安乐死的对象。无论当事者的绝望有多深，精神上的痛苦是可逆的，而且不能断言绝对无法消除它。

这四个条件是：

一、患者正处于无法忍受的身体痛苦当中。

二、患者死期已近，不可逆转。

三、一切消除或缓解身体痛苦的方法已经试尽，除了安乐死之外没有其他替代方法。

四、患者有明确意愿，同意缩短生命。

身体疾患导致"死亡已不可逆转"这一条件，在一定程度上是可以客观确认的。而茧居者的绝望只能依据当事人的主观判断。如果将精神痛苦这种主观条件纳入安乐死的判断要素，很明显会引发法律解释混乱。不难预见，如果精神痛苦也可以合法安乐死，慢性抑郁症的人会选择安乐死而非治疗。作为精神科医生，我认为茧居者无论茧居多久，都有康复的可能，所以我不能赞同这一类型的安乐死。

如我之前多次所述，茧居者的许多痛苦和烦恼主要源于自我污名、自我贬低和自我否定。虽然许多茧居者可能认为，就算他们不停地自我贬低，也不会打扰他人，既然没有给别人添麻烦，想怎么对待自己都可以随心所欲。在这里我很想明确一点，如果出于伦理上的理由，你没有去随意否定他人，那么同样，我希望你也不要随意否定自己。

在你自我否定的根底里，一定有着自恋，有想要珍重自己的意愿，更多的是大众的价值观和同化压力在迫使你做出自我否定。这就是说，并非你发现自己"没有价值"，而是在社会和外部价值观的诱导下你得出了这个结论。如果你觉得有些心思被我说中了，我建议你不要独自闷想，去和家人、朋友，或者网上的什么人谈一谈。

如何处理"我执"

有一种思考方式是，如果因自恋而感到痛苦，那就完全抛弃自恋，即抛开"我执"。佛教经常劝人放下"我执"。

自伤自恋的精神分析

佛教宗派众多，与原始佛教较为接近的上座部佛教[1]尤其强调这一点。我曾与斯里兰卡上座部佛教上僧、日本南传佛教协会上僧阿鲁老和尚做过对话，上座部佛教的教义核心是"无常"和"否定我执"。

以前我以为我可以理解无常，但在"我执"上，会与长老的看法不一致。我不否认，抛弃"我执"也许会带来内心平静，但这种说法就像"阉割后欲望就消失了"或"死后就不怕死了"，即使它是真实的，也不是所有人都能实践的。对绝大多数人来说，放下"我执"即抛弃自恋，几乎是一件不可能做到的事，至少我做不到。我们能做到的，不是抛弃自恋，而是让自恋变得成熟。

从阿鲁老和尚的书《知晓无常》[2]中摘录了几个代表性的段落：

· 性格柔软且聪慧。

· 谨慎，不失败。时常注意维护人际关系。

1　即南传佛教，盛行于东南亚的缅甸、泰国、柬埔寨和老挝，南亚的斯里兰卡，以及中国的云南省，因其盛行地区大体位于印度南部，故称南传佛教。与流行于中国、朝鲜、日本、越南的北传佛教相对应。

2　"知晓无常之人"也可理解为放弃了"我执"的人。本书由僧伽新书于 2009 年出版。——原注

· 冷静，不慌乱。

· 不后悔过去，不期待未来，明亮积极。

· 愉快地生活，育护内心。

其实我身边有一个人基本符合以上特征，他就是前面提到的艺术家兼作家（还有许多其他头衔）坂口恭平。我与坂口有过书信交流，他给人一种与"我执"无关的强烈印象。

坂口在信里谈到，他很期待"一无所有的生活"，表示"如果失去了家人，那就失去了吧"，或者"就算我得知明天就会死，真的，我没有任何不甘心"。他的话并不让人感觉是逞强或虚伪。

坂口还公开了自己的手机号，称之为"生命电话"，为有自杀欲求的人做免费咨询。他说他坚持做了10多年，多的时候一天接听100多个咨询。如果他有"我执"，很难做到这个地步。有"我执"的人，会与他人的倾诉发生共情，如果求死欲望的话听得太多，非常有可能产生所谓的共情疲劳，最终燃尽自己。

我认为坂口用他独特的姿态体现了上座部佛教的教义。他是躁郁症患者，有过多次严重的自杀念头，他在这样的苦痛中坚持创作，愿望是"变得更加柔和宁静，不过分执着，与所有人和睦相处"，这似乎很接近"觉悟者"的境地。在上座部佛教的意义里，觉悟者指的是在完全理解"一切皆空"之上，还能享受生命过程的人。

从知行合一的角度看，坂口先生的生活方式确实罕见，相信很多人也有同感，至少我根本模仿不了。所以，不是所有人都能把"放下我执"当作自我伤害式自恋的对策。

我在这里想说的是，人有局限性。如果真能放下"我执"，也许大部分心理问题都可以得到解决。如果用非常粗略的说法概括：不放下我执，转而希望在死后得到救赎，以此维持心灵安宁，这是基督教；否定死后世界和轮回，倡导在现世中抛开"我执"才是究极解决之道，这是上座部佛教。从这个角度看，坂口的生活方式和上座部佛教的教义无疑会给一些人带来启示，哪怕是很少一部分人。

"健康的自恋"是什么？

下面终于要谈到"健康的自恋"了。所谓的"健康的自恋"到底是什么，这个问题很难下结论，此处我们暂且将其定义为能使人变得幸福的自恋。

科胡特的自体心理学认为，人类心理中最重要的事是让心灵成为一种凝聚的形态，即形成一个凝聚的"自体"，并在自体与环境或关系之间建立起一种能支持自体的关系。前面已经讲过，茧居者的问题在于他们通常欠缺这种"支持自体"的对象关系。

科胡特将通过精神分析的治愈定义为：在自体和自体客体之间建立成熟的共情和谐。也就是通过精神分析，自恋恢复到了健康的状态。从治疗目标的角度来看，这个描述简明易懂。不过我个人觉得过分简单了，也太抽象。下面想展开讲一讲"健康的自恋"的具体意象。

也许大家读到此处已经明白，"健康的自恋"基本上与"成熟的自我"同义。可以说，自恋就像一个让自我正常运转的引擎。如果我们将讨论扩展到"健康而成熟的自我形象"，又难免会涉及从弗洛伊德到脑科学的诸多理论，可惜篇幅有限，所以在这里，我想论述健康的自恋与自我伤害式自恋之间的关系，讨论一下该怎样塑造"理想的自我形象"。

不久前去世的心理医生中井久夫认为，健康的精神状态是知道**"我是世界的中心，同时也只是世界的一部分"**，乍看矛盾的两种认知能够在心中并存。如果"我是世界中心"的意识膨胀，可能导致一种负面意义上的自恋型人格；另一方面，如果心中只有"我只是世界的一部分"的单方认知，又可能导致自我贬低，生出自我伤害式自恋般的扭曲。

从多种意味来看，"我既是世界中心又只是其中一部分"的认知有广泛的适用性。

在自我启发类书籍中，有一本经典名为《高效能人士的七个习惯》[1]，书中提出的第四个习惯"双赢思维"（win-win）似乎已是商界通理，但它不仅意味着"对双方都有利的契约"，更与"大胆主张"（assertion）的思维方式非常接近。简单来说，"大胆主张"是在考虑他人的同时，明确表达自己的意愿。与上面的讨论联系在一起便能看出，如果"自己只是世界的一部分"的想法过强，就会显得卑屈，说不出自己想说的话。反过来，如果只认为"我是世界中心"，便会无视他人，以自我为中心。显而易见，这两种极端都存在问题。

1　由史蒂芬·柯维所著，这本书曾多年高居《纽约时报》畅销书排行榜前列，总销量超过 2500 万册。

从这一点来看，"大胆主张"是衡量自恋健康性的一个指标。抱有自我伤害式自恋的人，会感觉自己的主张没有价值，故而很少愿意表达。但不表达并不意味着没有想法，"没有表达"将会演化成一种失败体验长久留在记忆里，最终使人陷入更加不愿表达的恶性循环。

不考虑他人感受，只说自己想说的话，或者过分在意他人感受，无法表达自己的想法，两种情况都可以视作不成熟。当然，不是在所有事情上成熟都胜过不成熟，但我认为成熟可以让人更具优势，获得更多自由。**成熟的人可以在考虑他人的同时坚持自己的观点**，看起来虽然简单，实际上若想保持"考虑"和"坚持"之间的平衡，做起来很难，需要多次实践，逐步学习。

如果想建立这种看似矛盾的认知，需要构筑两个阶段的人际关系。首先，"我是世界中心"的认知，基本上是从和谐的亲子关系中获得的。父母几乎是这个世上唯一的"因为你是你而爱你"的存在，亲子关系培养出的健康的自我中心，首先不可或缺。在此基础上，与家人以外的人互动，如朋友、老师、社团成员，或者与年龄不同者的交流，又会带来"我只是世界的一部分"的认知。通过经历各种人际关系，人们会意识到如果不尊重对方，就无法实现自己的需求。

文学评论家小林秀雄谈到"自信"时写道：

"自信这种东西，只能如雪一样无声无息地在时间中慢慢积聚。正像老话里说的，这样的自信不是从头脑里而是从肚脐眼处涌上来的。头脑应该做的，是时刻保持怀疑。这做起来不容易，却是最健康、最理想的状态。"[1]

当然，自信和自恋不是一回事，但小林秀雄的说法很接近我想象中的"健康的自恋"。"从肚脐眼处涌上来的"是健康的自我中心性，"怀疑的头脑"则是将自己视为"世界的一部分"的俯瞰功能。

没能在亲子关系中培养出适度的自我中心性的人，或者在家庭之外的人际环境中尊严遭受过伤害的人，往往容易陷入自我伤害式自恋。那么这种情况该如何修复？亲子关系不一定能修复；人际关系中受过严重伤害的人，再次建立这类关系时也会感到犹豫。

---

1 引自《关于道德》，新潮社，2003 年版。——原注

我的想法是，把上面的因果关系倒转过来也许是个好主意。意思就是，让当事人在可以安心的环境里体验"大胆主张"式的对话。多次"大胆主张"的成功体验也许能够成为修复自我伤害式自恋的起点。关于对话手法，稍后将会详谈。

我的自恋

在这里，我想简单说说我自己。

如果被问到我是一个健康人吗，我没有自信，无法挺起胸膛回答"是"。我从青春期后一直有轻微的社交恐惧；在青春期之前，有 ADHD 倾向，有"阿斯伯格"的特性。那时虽没有看过医生，但我深知自己的人格不是各方面都均衡。

幸运的是，迄今为止，因为我有强韧的"自恋"，故而没有发生过严重的精神失调，也没有经历过严重伤害自恋的挫折。当然我也像普通人一样（？）经历过失恋、离婚等，终归都走出来了。表面上看，大体还算顺利，不过主观感受上觉得自己吃过一些苦。

我上大学时有社交障碍。如果学校里有校园权力等级，毫无疑问我就在底层。那时是日本的泡沫经济时期，大学生活里的派对、社团活动和滑雪旅行之类的热闹对我来说几乎是另一个时空里的事。也许出于幸运，以及周围的人都很友好，我才勉强躲过了大挫折。不过，我身为"社障"却不得不伪装成"正常人"的时期确实很煎熬，幸好到念研究生后，以及后来的职场工作时，气氛对我这种人都比较宽容。

我专职研究和诊疗茧居，眼前的茧居青年们，对我来说不是毫不相干的外人。我深深感觉，过去的我若是稍有不慎，很可能也会陷入同样境地。

然而，我和茧居者有一个关键的不同点——我从年轻时开始，就有着强烈到出格的自恋。当然，并不是指唯我独尊和自私自利。我会像普通人一样去为他人着想，但初衷是"这么做对自己有好处"，我并不擅长"随意而自然的关心"。正如精神分析所揭示的，社恐倾向也源于强烈的自恋。

20 世纪 80 年代备受欢迎的美国情景喜剧《亲情纽带》（*Family Ties*）里，迈克尔·福克斯（Michael J. Fox）扮演一个自恋心很强的青年。我至今仍然记得他的一句台词。他新交的女友打来电话："你在做什么？我想你。"福克斯："太巧了，我也正在想我自己。"这段台词在我听来那么真实，不像开玩笑，当时的我就是这样，满脑子都是自己的事。

既然我时刻想着自己的事，是否意味着我总是充满自信和自我认同呢？完全不是。前面已经写过，无论写作，在大学授课，还是在学术会议上发言，我总是毫无自信，有时甚至会被惧怕失败的焦虑感压倒。即便如此，强烈自恋帮我顺利渡过了每一次难关。为了维持这种自恋，我会抑制焦虑，迎着风险高高跳起。这听起来有点夸张，但都是实话。

也许有人会反驳："迎着风险高高跳起？我可做不到。"确实，这句话好像在说"即使看不到未来，也要向前跃进"。我能理解为何反驳。这句话就像写给不良少年的自我启发类书籍中那些"先行动，后考虑"的煽情金句。现实并非如此简单。我觉得这种励志在一定程度上有效，但对深陷于自我伤害式自恋的人来说，这种指南太远离现实了。

"因为看不到未来所以不采取行动"的想法本身是一种合理判断，不是什么奇怪的逻辑。其实很多人在没有明确预期的情况下依旧先行动，先与他人有交流，才是更为奇妙的现实。比如说，在你找工作的时候，并非全盘掌握了职场环境才去工作的吧；你结婚时，真的完全了解对方的性格和行为模式吗？显然不是。在我看来，无论找工作还是结婚，无论程度深浅都只是一种冲动之下的"赌"。如果我们事先极其谨慎地讨论事情的合理性，至少选择结婚的人将进一步减少。我私下怀疑，近年来的非婚化趋势逐渐严重，也许就是因为人们事先谨慎思考过婚姻的合理性。

闲话少说。我想表达的是，**某种程度的非理性，明确说就是"迟钝"，是健康的条件。**

"健康本源学"的创始人、美国社会学家阿隆·安东诺夫斯基提倡"心理一致感"（sense of coherence，以下简称 SOC）。SOC 的定义是"个体对生活总体的认知和感受，体现了个体对内外部环境刺激、应对压力所具备的资源和对生活意义的感知，表达了个体拥有的透彻而持久的、动态的自信心"。听上去颇为复杂。

简而言之，SOC 可以显示一个人"在任何情境下都能带着'没关系，总会好起来的'的稳定自信，积极应对事物的基本态度或性格倾向"。这种态度还可以进一步分解为"可理解感""可控制感""有意义感"三个要素。

正如前面所说，科胡特将"抱负心""理想""技能"作为自体构成的要素，我认为这基本上涵盖了SOC的三要素，讲的是人面对世界时的姿态。虽然两者不完全相符，但"抱负心"对应"可理解感"，"理想"对应"有意义感"，"技能"可能与"可控制感"相关。此外与科胡特的自恋观点一样，安东诺夫斯基认为SOC也会在一生中持续成长。

也许大家注意到了，上文的三要素并没有确凿的判断依据。面对困境时能够不由自主地说出"没关系，总会好起来的"乐观，有些像钝感力。SOC概念的功绩之一，是揭示了精神健康在一定程度上需要钝感。

顺便说说自伤式自恋者，他们主要在"爱"和"认同"上，以上提到的三要素较弱。如果将三要素关联到爱与认同上，可以得出以下结果："相信自己拥有被爱的可能性""具备获取爱的技能""可以感知到被爱的意义和欢愉"。重要的是，我说的这些，也都没有确凿的判断依据，被爱的"可能性""技能"和"欢愉"都只是臆断而已。所以，当这三点失控时，有可能变成恋爱妄想（那个人一定深深地爱上了我）。不过反过来，假若这三点完全缺失，被爱就会变得非常困难。

动漫里有一种情节很受欢迎，即毫无自信、性格沉闷的主人公（通常是男性）奇迹般地受到多个异性的追求（例如《桃花期》《我心里危险的东西》《当哒当》等），相当多的自伤式自恋者对这种远离现实的故事情节颇感共鸣，如果真是这样的话，说明他/她们虽然对爱情感到绝望，却无法彻底放弃爱情。同时也意味着，尽管他/她们在自我否定，却无法抛弃自恋。

自恋即"做自己"的欲望

我认为自己相当钝感。当然我不想自信地认为所有人都爱我，世界很大，有人会对我感兴趣，一点儿也不奇怪，我喜欢的人在很高概率上也会同样喜欢我。虽然这些都是毫无根据的臆断，但我模模糊糊地感觉会是这样。

说到漫画，我很喜欢荒木飞吕彦的《JOJO 的奇妙冒险》，第四部里出现了一个名叫岸边露伴的人物。岸边是一位天才漫画家，最大的快乐是在宁静的环境中专心创作，是个真正自我陶醉的自恋者（narcissist）。一次他遭受敌人袭击，濒临死亡。敌人说可以饶他不死，但是他得帮助敌人去陷害东方仗助（主人公）。岸边先是假装答应，马上又倨傲地说："但是，我拒绝。"因为岸边露伴最喜欢做的事情之一，就是对那些自以为强大的家伙说"不"。

在我看来，这才是终极的自恋。正因为他爱自己爱到死，所以说出这样的话，这是一种愿意豁出性命的自恋（narcissism）。他拒绝敌人的诱饵，不是因为会给仗助带来麻烦，而是一旦沾染了丑陋行径，他将无法继续保持自我。所以他说出了"但是，我拒绝"。

我从不把自恋换言为"超级喜欢自己"。因为，就像岸边露伴这样，"我想做我自己"的欲望才是自恋。"想做自己"的欲望中包含了"喜欢自己""讨厌自己""不了解自己"等一切元素。过度的自我认同有时反而会偏离"自己"。

之所以我能这样斩钉截铁地下结论，是因为我一直有强烈的"想做自己"的欲望。这种欲望经常以"好奇心"的形式外现。即使正处于艰难时期，

自伤自恋的精神分析

我也不会去想"因为我很重要，所以避开那些辛苦算了"。在某种程度上，我总是怀着好奇心，从某个角度俯瞰自己，想知道"如果这个有点怪的人陷入险境，他会怎么办"。[1]

精神分析家史托罗楼[1]将自恋定义为"维持自我表象结构的功能"（1975 年）。健康的自恋被视为"自我表象统合而稳定，被肯定性的情感包容"。这里所说的自我表象，并不是指主体的脸蛋或身体很漂亮，而是指主体的同一性从根本上是由身体来保证的，与个体身体紧密相连。正如前面提到的解离性障碍的多重人格，多重人格是指多个替代人格共享同一个身体的状态；人设也是，拥有同一个身体的主体可以在不同场景中变换性格设定。

因此可以说，自恋即"想做自己"的欲望，在人设与身体一致的情况下最为稳定，这也是健康的自恋的条件之一。

我更加注重"自恋"而不是"自我认同"的原因之一，是觉得"自恋"含义更丰富，就像小林秀雄指出的那样，是一种慢慢在时间中积累、在肚脐

1　罗伯特·D. 史托罗楼（Robert D. Stolorow，1942— ），美国心理学家，当代精神分析主体间理论的创始人，科胡特的后继者。

眼周围汇聚的东西，同时头脑还以批判的态度看待它。这不是单纯的肯定和认同。"做我自己"这个短语本身多义。若想让这个"自己"成为标准，必须有一个审视的视角，在积攒积极情感的同时，以批判的态度监控自己。如果监控的力量过于强大，不难想象就会引发自我伤害式自恋。若想坚持做自己，仅这两个要素还不够。成熟的自恋的构成元素，不仅包括自我认同，还含有自我批评、自我厌恶、自我尊重、自我惩罚等。从这个意义上说，所谓自恋，是塑成自我的多声部动力。这里所说的"多声部"正是苏联文学理论家巴赫金[1]所说的复调理论，指的是互不相容的各种独立意识能够实现共存。因此，自恋是一种通过多声部的动力达到"做自己"的手段。

然而也有观点认为，更高层次的自恋会让人变得透明。我听说过从小在富裕、高教育水准的环境下长大的人中确实有这样的人，我也确实认识几个，虽然人数不多。或许可以说，自恋最健康、最理想的形式是人像空气一样自然透明，自恋成为安

1　巴赫金（M. M. Bakhtin, 1895—1975），苏联文学理论家、批评家，提出过复调理论、狂欢理论。

定的自我意识的地基，不再需要人每时每刻都去确认"我喜欢自己"。

若是到达了这一步，也许自我肯定和自我厌恶已经无可分离，形成了多声部状态，到达这个层次的人看上去更谦逊和博爱，从外表上看，他们类似于前面提到的"放下我执的人"，到达了大欲似无欲的境地。

相比之下，始终"喜欢自己"的人会显得不太稳定。始终在内省地确认自恋的人，会对微小伤害也很敏感。从这个意义上说，那些一目了然的"很喜欢自己"的人，自恋的基石也许出人意料地虚弱不稳。

自己的尊严自己来守护

自我伤害式自恋的"病理"虽然可能存在，表面上看似重症，实际上并不太严重，因为其根底是健康的自恋。这也是本书的一贯主旨。

那么，如何缓解自我伤害式自恋的自伤性呢？有缓解的可能吗？

我认为有可能，本章想谈谈这个问题。但要再三强调一下，我要讲的并不是什么即时可用的励志手法。前面提到过"只要这么做就能提高自我认同感"的方法，在自我启发类书籍和网络上到处都是。对此我不会全盘否定，只想提醒大家，简单提升自我认同感的手法，效果相当有限。大家可以在知晓这一点的基础上尝试一下，不要抱过多期望，因为适得其反也是可能的。

以下想说几条我从援助茧居者的实际经验中得出的方法，不是"怎样提高自我认同感"，而是"如何缓解自我伤害式自恋"。

首先最基本的一点，是希望你重新认真考虑一下，为什么要把自己贬低到这种程度。如果你觉得自己符合前面提到的"高自尊低自信"的特征，那么基本上可以确定你的自我否定源于自恋。我要再三强调，此处的"自恋"不是"我非常喜欢自己"，而是"我想做我自己"的情感。正因为你有这种自恋，你不愿接受自己的现状，从而否定自己。不过，这时你否定的，是你失败的、不好的那部分人设，而不是完整的你。你拥有连你自己都无法衡量的深度和能量，但你忽略了这些，强行假定了一个表面的"不好的你"来攻击。

一个人的人性特质原本包含了无数优点和缺点，不可能一次性地就彻底形象化。当你断定"我这样子毫无价值"时，你否定的只是你属性中的一小部分，但你强行将其视为全部，试图通过攻击来维持你的自尊和自恋。

　　当然，我说的这些都只是道理。虽正确，但我也知道能够认同并听进去的人寥寥无几。不过，如果偶有人从中受到良性的刺激，能够突然醒悟并改变，就是非常好的事了。遗憾的是，我可以预测出大多人的反应，他们会说："道理是没错，但我依然厌恶自己，改不了的。""我无法喜欢自己"或"我厌恶自己"之类的情感就像一种长年累月的习惯，光凭一个道理很难改变，这也是理所当然。

如何缓解"自伤性"

　　好的，前面讲了前提条件。下面我们来讨论缓解自我伤害式自恋中"自伤性"的方法。我还要强调一次，这不是"提高自我认同感"的方法。即使你尝试了，也不会立即感到幸福，而且这种方法需要周围人的通力合作，不是谁今天想做就能立即做成的。我要说的是一些非常不起眼的东西，是大概的行动纲领，也是一些我希望你看到的方向。

一、调整环境

就我所知，自我伤害式自恋的最大起因，是人的尊严在各种场景中受到了伤害。有可能是家庭造成的，也可能源自学校或职场。人在这些场景中长期而反复地感觉到自己的价值被否定，由此累积了自伤性。所以首要，是把自己放到一个尊严不受伤害的环境下。

如果你目前仍处在这种环境中，首先需要做的就是摆脱和走出。例如，如果你在家茧居，那么大多是来自家人的指责和否定性言行对你形成了慢性伤害。即使你告诉他们不要这样做，他们也不会轻易停止。虽是这样，我并不推荐你只是离开家人独自生活，因为我知道从茧居状态直接进入独自生活，大多数人反而会变得更加孤立。此外我还想说，有较强的自我伤害式自恋倾向的人独自生活时，风险相当高。人很可能在孤立状态下被自我否定的情绪紧缚而无法脱身。

如果我们把离开家庭、独自生活设定为最后一

　　　　自伤自恋的精神分析

步，那么在此之前，该做些什么呢？

该做"对话"。这一点稍后将会详述。

上面讲到受困于家庭的情况。除去家庭之外，在学校或职场人际关系中受伤的情况应该怎么办呢？在学校中受伤，大概是来自同学的霸凌、校园权力等级，以及老师的高压侮辱，等等。大学以下的学生首先应该向信赖的成年人咨询。例如，可以咨询班主任、校内心理卫生辅导员、保健教师以及家人等。最近日本的学校已经认识到这些问题不可忽视，会采取一些措施。

如果他们没有采取适当措施，又该怎么办？你要把你所经历的事情、学校的应对措施等，用录音、视频或日记的方式详细记录下来，向教育委员会或律师等寻求帮助。如果你是大学生或已进入职场工作，学校和职场应该都有举报渠道，可以尝试利用。重要的是，不论是孩子还是成年人，尊严长期受到伤害的经历有可能影响人的一生，令人无法摆脱。这种经历会增加抑郁症、焦虑症和自杀等风险，自我伤害式自恋只是其中最轻微的一种。

我能理解有些人不想把事情闹大、只要自己忍耐就好的心情，然而，我们不能养成尊严受损的习惯。如果你习惯了忍耐，会加深自我伤害式自恋，认为无论怎么伤害自己都无所谓。在我看来，在现代日本社会中，相较于人权和自由，"个人尊严"总是被忽视。现在性骚扰、权力骚扰、精神骚扰等问题已逐渐被重视，但反过来说，从前的相关被害人只能被迫默默忍受。

说到现在的学校，比较典型的情况是，常能见到无意义地规范个人容貌的校规，以及无异于权力骚扰的指导。我强烈主张"自己的尊严要自己守护"。无论是成年人还是孩子，如果你的尊严持续被轻视，那就正视现实，无论对手是谁，请为自己的尊严而战。如果战斗实在困难，那就彻底逃离好了。

我为什么说得这么斩钉截铁呢？因为我认为在当今的日本社会，"保护自己的尊严"这件事被过分轻视了。经常有人说，"年轻时吃再多苦也是值得的"，我觉得这种价值观背后有一个"幻想"——通过忍受师生关系、职场尊卑关系中的权力骚扰、精神侵犯等屈辱，就能培养出一个人的坚韧精神和远大抱负。

"人通过忍辱负重而成长"的思维极其有害。尽管如此，这种思维仍然在家庭教育、学校社团、

自伤自恋的精神分析

大学的研究指导以及职场新人培训等场合僵尸般地继续存活。通过忍辱负重而获得成功的极少数人高声宣扬这种思维，这其实是"幸存者偏差"，是逻辑谬误。幸好在我的印象里，现在很多有才华的年轻人不再甘心受辱，活得意气风发。所以我想，"人通过忍辱负重而成长"的思维迟早会被驱逐。不过，我想再次对正在忍受屈辱的人说：只要不侵犯他人的尊严，无论你用什么手段，你的尊严必须由你自己来守护。

二、人际关系

通过学业和事业上的成就来提升自我价值、谋求逆袭的方法，效率并不高。或者说，不仅成功的可能性较小，即使成功也不一定能减轻自伤性。

有一个更简单且可靠的办法，就是与家人之外的人建立"亲密的人际关系"。亲密而安定的人际关系，不仅仅对茧居者很重要，对所有人来说，都是一种认同渠道，意义重大。当然，仅有亲密的人际关系并不能解消自伤性，但是它可以帮助我们从因为孤立而加剧自我伤害的恶性循环中脱身。与两个以上的朋友进行对话交流，就能在一定程度上缓解自伤性。

也许你心里知道应该这么做，但最难的就是付诸实践，那么你至少要珍惜现在的人际关系。有强烈自伤性的人会以"我是个无价值的废物，不忍心让朋友和我这种人来往"为由，疏远熟人或朋友，很多人甚至主动与朋友断绝联系。然而这种做法就是在贬低自己的尊严，是一种自我侵害。希望在珍惜当前人际关系的同时，也试着去考虑一下如何获得新的人际关系。

三、计算得失

自伤式自恋者有时明知道这么做对自己无益，还会主动去做某些事。最典型的例子就是茧居。茧居之外，他们还会主动扮演其他人都讨厌的角色，深藏本来想说的话，在需要他人帮助时也不愿开口求助。

他们中很多人责任感很强，所以容易陷入上述行为。每到这种时候，我强烈建议他们计算一下得失，思考怎么做才能使自己得益。也许有人不太愿意斤斤计较，那么可以在自己的脑中模拟一下。让自己受益的行动方式，并不一定会招致讨厌。上面

自伤自恋的精神分析

提到的"对话"，就是每个人都考虑自己的得失。解决问题的关键，是在何处权衡。做出基于得失的判断非常重要，可以推动对话顺利进行。

从这个意义上说，当问题发生时，拥有"健康的受害者意识"也很重要。自伤式自恋者在事态恶化时往往认为"都是我不好"，在做出此结论之前请先考虑一下，你有可能是受害者。客观地思考如果你是受害者，问题的责任应由谁承担，如何承担。拥有正常的受害者意识，有助于恢复失衡的自恋。

四、做"喜欢的事"

我想向所有自伤式自恋者推荐的做法，是在不损害健康的范围内，做喜欢做的事情。自伤式自恋者通常责任感较强，更倾向于优先考虑"应该做的事"，而不是"想做的事"。相反，你始终应该优先考虑什么是你想做的事。这并不是说要去追求大目标比如"找到人生之爱好"之类的，在每一天寻找"想做的事"，也有助于缓解自伤。进入你喜欢的区域这件事本身就能提升幸福感，这也是积极心理学的教导。

如果实在找不到"想做的事"，尝试做一些"不是非常讨厌的事"也是不错的选择。无论是散步、做家务，还是与宠物玩耍，都可以。**观念往往会陷入死角无限循环，但行动不会。做任何事情，只要认真对待，都会有发现和延伸。**通过各种行动，你会更好地了解自己，有助于缓解自伤。

五、爱护身体

有些人通过爱护自己的身体，走向了恢复。

很多自伤性较强的人不关心自身健康，忽视饮食平衡和个人卫生甚至到了自虐的程度。有人倾向于做危害健康的事（过度吸烟饮酒、滥用药物等）。这些倾向通常在各种成瘾症中都会有所体现，但幸运的是，临床实践佐证，自伤式自恋者从倾向发展到真正成瘾的情况并不太常见。就像茧居者经常口头表达自杀欲望但实施率并不高一样，说明他们的自恋功能正常，阻止了他们真实去做这些事。

关注健康，爱护自我，是让自恋变稳定的捷径。定期去牙科洗牙，更换眼镜、矫正视力，做推拿调理身体，都是有意义的。锻炼也很好。我从 50 岁后开始跑步，一度跑过全程马拉松。有证据证明，运动疗法对抑郁症有一定效果，我建议大家都尝试一下。做适当训练可以提高体能，最重要的是，提高体能也能顺延到让自恋变得稳定。

自我关照也包括改善外貌。女性的化妆经常被比喻为"武装"，对我来说是未知领域，但我可以想象，对化妆和美容的关注可以强化自我功能。男性好像与化妆关系不大，从服装、发型乃至鞋子、手表等饰品上追求自我风格，亦可期待同等效果。从这个意义上说，追求美容和时尚也在自我关照的延长线上。

通过开放性对话做修复

上面我简要介绍了稳定和削弱扭曲性自恋的一般方法：改变曾让自己受伤的旧环境，爱护身体，关照自身。也许这些措施在短期内无法期待明显效果，但通过养成习惯，长期总会逐渐发挥作用。

接下来要谈的方法，也不会单次见效，在习惯化和长期化之后，可以期待效果渐增。这种方法就是"对话"。

卖了这么多关子，最后就是一个"对话"呀，也许你会失望。但这里所说的"对话"，与"交谈"

或"商量"略有不同，是一种有点儿特殊的对话，也是我目前正在推广的一种精神疾病综合治疗方法，全称是"开放性对话"（open dialogue）。就如字面意义，指的是公开的、开放式的对话。

开放性对话的手法在20世纪80年代由芬兰的一家精神病院确立，最初用来治疗精神分裂症。它既是医疗方式，也是一种服务系统和护理理念的名称。具体做法是以家庭治疗为基础，通过专业治疗团队倾听患者讲述的方式，让精神分裂症患者走向康复。实践证明，这种手法有效，由此芬兰的托尔尼奥（Tornio）市建立了相关服务供应系统。这个方法实施起来非常简单——患者、家庭成员、患者的朋友等，与医生、护士、心理医生等医疗团队坐在一起进行对话。

在此之前，精神分裂症通常被认为只能进行药物或住院治疗，通过对话就能使患者康复的事实太过震撼，以至于日本的临床现场尚未能够充分接受，甚至有些人将其视为一种邪路。开放性对话的手法非常简单且透明，我很不理解为何有人认为这是邪路。目前，我们已经开始了试行阶段的实践，在不仅限于精神分裂症的多种疾患上看到了效果。

虽然距离确立证据还有一段路要走，但我想从个人临床经验出发，满怀信心地向大家介绍这种方法。

当然，开放性对话是专业医疗机构提供的服务，因此在医院提供治疗的同时，就诊人也需要接受适当的训练。由于对话实践里也包含了许多日常生活可用的小启发，所以我在这里简要介绍一下。

开放性对话刚刚进入日本，实践经验和证据尚不充分。不过我们从实践与其他专业人士的经验知识积累中逐渐看到了这种方法的本质。开放性对话的手法或理念中的某个层面，无疑有助于修复自我伤害式自恋。

首先，重要的是去理解开放性对话（以下简称OD，或称"对话实践"）的"思想"。在OD中，所有参与者的尊严都被彻底尊重。这不仅是简单的"不批评"或"不说伤人的话"。对话中不允许有权力等级区分，即不允许把上下关系带入对话。还有，就诊人不在场时，不可以讨论该人。专业人士即使参与，也不能摆出专业人士的姿态。这意味着专业人士和患者在做真正的平等对话，患者说话时不用窥探专业人士的脸色，无须顾忌。没有上下关系的对话环境和不在背后议论人的做法，都能给就诊人带来安全感，令他感到放松。

我希望能在家庭、学校和职场等各种场合下尝试用这种规则进行对话实践。尤其是已经发生了尊严伤害的家庭，尝试这样的对话有助于关系修复。下面我来讲解具体的做法。

首先，确定两名主持人，类似于会议的主持人，但主持人要做的并不是操控全场，或引导众人下结论，而是尽量确保对话持续下去。主持人可以提出问题、发表感想或提供话题。

所有参与对话的人都要去理解对话规则，理解这个对话环境里没有上下关系；每个人的立场都能得到平等的尊重；称呼参与者时不用老师、父亲等关系代称，而用实际名字；谁都可以发言，但要保持一定的礼貌；最好对着主持人说话，其他人发言时不要打断，要听他们说完；禁止争论、说教、审问和建议；尽量发展出多样意见，并且重要的是不要轻易把意见总结成一个观点。

需要注意的是，对话并非一对一进行，一定要多人对多人。也许你会想，这在三口之家太难实施了。没有关系，最少有三个人对话就能成立。这一点稍后会做解释。

还有一个重要原则，那就是"对不确定性的承受力"。听起来可能有些复杂，简单说就是"不做预测、准备或背景调查，两手空空直接进入对话"。

开始对话之前，参加者先进行自我介绍，说出希望别人怎么称呼自己，例如"我是○○（名字），请叫我○○（自定义的称呼）"等。自我介绍结束后，主持人面向全体提问，类似"好，今天我们有这么多时间，想做些什么呢？"或者干脆直接问"有人想说点什么吗""我们从哪里开始呢"，总之，要从不能用简单的"是"或"否"来回答的开放性问题开始。

也许有人会怀疑，对话如果没有明确目的，还能持续吗？实际上，对话是有明确目的的，那就是"让对话持续下去"。无论话题大小，都要尽量深挖，谈深、谈广，注意不要让对话结束。所以，不要把得出结论或达成某种一致设定为对话的终点。结论和一致意见会导致对话提前结束，在此处并不是好事。

那么，有哪些技巧可以让对话持续下去呢？简而言之，那就是"不竞争谁更正确"，"不追求客观性"，让对话成为"主观与主观的交流"。我们要了解对话伙伴生活在一个怎样的主观世界，所以要详细询问对方。无论对方的世界观多么奇怪，或者你认为是错误的，都要暂时接受，不去反驳、劝说、批评和争论，因为这么做只是在追求所谓的正确性，会导致对话结束。

即使对方表达出的主观看法难以理解，也要试着向下深挖。比如"关于这个想法，你能再详细地讲一些吗？""我没太听明白，你能详细解释一下吗？"我们在对话实践中，经常有意识地强调"我想请教一下"的意图。毕竟对方讲的是他的主观世界，他本人最明白，因此提问者用"向对方请教"的姿态（即"无知的姿态"）比较理想。

开放性对话的强大之处在于，专家听到对方的主观看法后，甚至不可以说"你这可能是某某症状"之类的话。因为"专家诊断"是一种俯瞰的视线，违反了对等原则。另外，用专业的诊断模式去套个人的主观想法，有可能侵犯了个人尊严。不是说在开放性对话中不需要专业性，对话实践中经常说的一句话是"专业性就是为了摆脱而存在的"。

再回到主题上，假设一个有自我伤害式自恋

倾向的人表示"我活着也没有价值，想早点死，或者干脆让别人杀了我"，此时你不能劝说他"不要说这种话，你怎么能让别人杀死你呢，快别这么想了"。但你可以从你的主观感受出发，"我觉得你很坦率"，"听你想要去死，我心里也很难受"之类的话是可以的。所谓的"关于这件事我是这么想的"，是属于"想传达给对方的事"，但也不能过于轻率地使用，因为会显得有些说教，这一点也需要注意。

当一番对话结束后，或者对话变得停滞时，主持人会进行"反映"（reflecting）。这是一种家庭治疗的技巧，简而言之可以比喻为"在当事人面前，公开讨论当事人"。两位主持人在当事人面前，一起讨论他们听完对话后的感受。

比如，听完一个有自伤式自恋倾向的人的陈述后，进行以下对话：

主持人1（向其他参与者说）："接下来，我们两个想私下交流一下。过一会儿再听大家的感想，可以吗？（两位主持人面对面，开始对话。不再注视其他参加者）那么你对刚才的对话有什么感想？"

主持人 2：“听到当事人的话，明白了他的心情，我觉得他一定很痛苦。我也有些胸闷。”

主持人 1：“是这样的，他自我责备的话听上去很痛苦，有点窒息的感觉。但是他说到父母的时候话里充满了关怀，所以我觉得他对自己有些太苛刻了。”

主持人 2：“我工作不顺利时，也很想责备自己。幸好这种时候不太多，所以总能克服。但是我发现，当事人好像习惯了自责，陷进这种心情走不出来了。”

主持人 1：“对，他一直在责备自己。他当然有很多优点，他似乎没有注意到，有些可惜。”

主持人 2：“不对吧？我觉得他非常了解自己的优点，但缺点明显压倒了优点，所以感觉他在躲避。”

主持人 1：“哦，是这样啊。我还留意到，他总是独自琢磨自己的缺点，不和别人商量。”

主持人 2：“啊，确实有这种情况。我自己有时也把事情想得太深，结果走进死胡同。向同伴和朋友敞开心扉也是个不错的选择。”

主持人 1：“还可以咨询专家、心理医生之类的专业人士……那么，现在我们来听听当事人的感想

和意见。"（转身看向当事人）

在当事人面前进行这样的对话，不让当事人加入的意义何在呢？

与一对一的场景不同，因为这是"背后说人"，当事人可以随便听听，不用太认真，也可以在闲话结束后，对在意的点做反馈补充。通过使用反映手法，我非常真切地感受到，两个主持人说出的对当事者的评价和想法，比起正面建议，说教感和引导感都没有那么强烈，更容易被当事人接受，对想法的选择也更加自由。

刚才我提到，只有三个人也能做对话实践，具体组合可以是一个当事人加两个主持人。两个主持人先做反映，然后由其中一个主持人和当事人对话，交流感想。总之，只要能设定反映环节就可以。

以上是推动对话的大致方式。当然，并不是说通过对话实践，当事人的思维就会迅速发生变化。相反，我们经常听到当事人这样说："你们拼命想积极评价我，可惜，我只觉得像场闹剧。"尽管当事人会有这种感想，但这不一定意味着失败。更应该说，在对话实践中，我愿意认为这种感想也是对话过程中的一环，有积极意义。

正如前述，开放性对话的目的，是"使对话持续进行下去"。而"多声部"是更加理想的对话方式。前面在解释自恋时，我曾解释过"多声部"，这个词意味着矛盾的多种要素，能以不和谐、不共振的状态共存。这种"矛盾的多种要素"，在对话中则表现为"观点"。多声部的好处在于有很多留白空间。正是在这些留白中，当事人可以修复主体性和自发性。所以，在"反映"的情境中，即使两个主持人的观点存在冲突或相违，也不成问题。或者可以说，两个主持人的观点过于一致才是问题。

虽然在对话中不要轻易劝告和建议，但大力推荐主持人在反映环节中提出想法。只不过，在提出想法时，最好不要说"选这个还是那个"，而是要像把几种礼物放到托盘上呈现给当事人一样，"还有这个和那个可以选择"。客户可以一边观察主持人努力呈现新想法的样子，一边眺望托盘上的想法，从中挑选自己喜欢的；都不满意时，也可以说"都太一般了"。

例如有些患者会诉说妄想，参加对话者的对应方法同上，不要表现出批评、反驳或否认妄想性执念的态度，要尽可能详细而深入探讨妄想世界的样子。也许有人担心，这样做会让妄想增幅，但奇妙的是并不会。相反我们经常能看到患者脑内的妄想萎缩甚至消失的场景。在我的经验中，妄想似乎会在遭到反驳或否定时强化。

目前我们还未能清楚地了解为什么妄想会如此消失，但可以说，妄想通常是独白的产物，即孤独的自问自答。一旦被打破成为对话，妄想就难以保持，会自然而然地趋向正常化。

自我伤害式自恋虽然不是妄想，仍然是一种非常独白式的观念。因此，仅仅用对话去展开这些独白，也能期待某种效果。

在我看来，开放性对话是一种从对话渐进到良性循环的手法，具有稳健的可行性。不过，关于这种对话过程是如何产生效果的，目前还没有典型模式可循，所以无法事先计划和预测。现在我们知道的是，对话可以带来一种副产物，那就是患者或当事人从中获得改善和恢复，病理得到了自然而然的治愈，这种结果被正式性地称为"开放性对话的成果"。这里存在一个悖论，即"正因为不去努力治愈，所以病理得到了治愈"，如果我们从开始就一心想治好病人，或者以治好为唯一目标，这些观念反而注定会成为障碍。

因此，在开放性对话中制定各种规则，可说是为了推动"良好过程"顺利进行。追求对等、自由发言、尊重尊严、禁止辩论说教和建议，以及反映环节，都可以被认为是良好过程中的一部分。

虽然我们无法事先预测那些陷入自伤式自恋的人通过开放性对话将发生何种变化，但开放性对话仍可被视为一种契机，让他们脱离容易导致恶性循环的自我伤害式自恋的窄路，以更广泛的视野去思考各种事物的价值。开放性对话的过程涉及数种要素，包括关系性和主体性的恢复，以及通过建立新叙事修复尊严和精神创伤。在这个过程中产生的各种不同的声音，也有可能唤醒自恋原本具有的多声部性。

上面说了这么多，然而开放性对话并不是"治疗"。它只是一种在耐心细致地重叠不同声音的同时，尊重所有参与者的尊严的活动，与其说是治疗，更无限接近关怀。治疗需要高度专业的知识，我刚才也讲过，高度专业的知识有时反而会成为关怀过程中的障碍。因此我认为"开放性对话是人人都能做到的"。我在这里提出"开放性对话"在不同语境中的应用，便是基于这样的期望。我之所以想用和专业治疗不同的开放性对话来应对一些心灵问题，就是因为"谁都可以做"这一点是值得期待的。

　　无论你是不是自我伤害式自恋的当事人，我都希望开放性对话能为你的生活带来一些启迪。

写在最后

我将自恋定为"想要做自己的欲望"。

正视“自我伤害式自恋”

　　整本书涉及的内容比我预期的更复杂，经过遥远路途，终于接近尾声。在结语中，我打算先简要总结一下本书论点。

　　“写在前面”中，我提到了“非自愿独身者”和“无敌之人”的犯罪，可以将他们看作最极端的自恋的典型事例。在无法接受自己，并不断否定自我的过程中，他们受到某种情况的重压和逼迫后变得自暴自弃，自我否定的情感失控，发展成席卷性自杀欲，最后犯下街头随机杀人的罪行。犯罪的背景之一，也许是他们的生活方式本身一直受到社会批判，究其根本，还是他们将自我否定直接等同于社会批判，在两者之间建立了快捷链接。这里需要强调的是，我不是在说自伤式自恋者的犯罪率高（恰恰相反，犯罪率可能较低），只是，社会大众普遍认为这类犯罪者似乎都具有这种自我意识。其实两者大相径庭。

自我伤害式自恋，在回避社交的茧居者身上尤为典型和常见。

茧居者一心认为自己毫无价值，给自己贴上"废物"的标签，并将自杀欲望挂在嘴边。幸好实际上自杀的情况并不是很多，由此，我从他们的"我比任何人都更清楚自己是个废物"的意识、"高自尊低自信"的心态、"始终在意别人怎么看待自己"等方面，得出了他们"正是因为自恋才做自我否定"的结论。

"自我伤害式自恋"如字面意义所示，可以说是自恋的一种形式。然而在传统的心理学和精神分析中，它几乎没有得到关注。不仅没有得到关注，就连"自恋"这个词，依旧被等同于自私自利和不考虑他人的任性。阅读相关书籍时，我发现现代社会似乎充满了"自恋型人格障碍"，但是在我看来并非如此，甚至反过来，更多的人在遭受自我伤害式自恋的折磨。

因此，在第一章中，我重新审视了自恋概念在精神分析中的历史，从拉康的观点中确认了自恋形态的自由度，用科胡特的理论论述了自恋对于精神健康的重要性。接着又分析了自我伤害式自恋的结构及其引发的各种问题。

那么，自我伤害式自恋从何而生？第二章粗略回顾了战后的日本精神史。我将其分为"神经症时代""精神分裂症时代""边缘型人格时代""解离的时代"和"发育障碍的时代"。21世纪第一个10年的中期被认为是"解离时代"，21世纪10年代被认为是"发育障碍的时代"。导致自伤性自恋者急剧增加的背景有四个要素："解离的时代""认同（连接）成瘾""过于偏重社交沟通能力"和"人设化"。以下简要总结一下四者的关系。

21世纪第一个10年的"解离时代"确立的背景包括心理学热潮、精神创伤热潮等因素，最为重要的是移动通信和网络的爆发性普及。每个人都能够与多个朋友、熟人保持即时联系，社交网络上的"点赞"使得"认同"得到了可视化和定量化，导致许多人尤其是年轻人，出现了"认同（连接）成瘾"的倾向。

然而这种"认同"，认同的并不是现实生活中的真实个体，而大多是网络上经过演绎修饰的"人设"。在这样的网络环境中，能够巧妙控制"人设"得到大量认同的"社交达人"会被视为强者。这种价值观反转过来，是"人设"不好的人无法得到他者认同，就会被认为是"社交能力低下"，沦为弱者。这种意义上的弱者抱有的自恋，就是自我伤害式自恋。

　　"认同成瘾"是对"人设"的成瘾，同样，自我伤害式自恋是对"作为角色设定的自己"的否定。 自伤式自恋者基于上面提到的价值观，为自己塑造了一个简单"人设"——"没有人爱我（认同我）""（自以为的）社交障碍""活着也没有价值"，并做出毫不留情的自我攻击。然而，此处受到攻击的仅仅是"作为某个角色的自己"，对自身的真正爱恋依然无损。这种状态意味着，他们想守护捍卫真正的自爱，故而持续攻击"作为某个角色的自己"。问题在于，如果他们在孤立状态下过分自我攻击，有时会引发真实的自我毁灭行为。

　　以下是理论的实际应用部分。我在自我伤害式自恋的价值观之上，探讨了"新型抑郁症""发育障碍""阴谋论"等主题。

　　接着在第三章中，探讨了家庭关系导致自我伤害式自恋的可能性。自伤性自恋的女性比男性更容易遭受来自母亲的否定性言行的伤害，女性若想改善这种自伤性，最好是和母亲保持适当距离。

　　第四章探讨了何为非自伤的健康自恋，并对目前备受关注的"自我认同感"提出了批判性的看法，解释了本书的目的不仅仅是获得简单的自我认同，因为在某些情况下，自我认同较低的状态也会激发出充满创造性的行为，强行提升的自我认同或将带来更大的反作用。同时也提到了潜藏在自我伤害式自恋中的"优生学"的错误观念。以及上座部佛教主张"舍弃我执"的难度，尽管困难，有些人也向我们展现了解决问题的可能性。

　　健康自恋的具体表现可以参考中井久夫的"我是世界的中心，同时也只是世界的一部分"的观点，在此之上提到了"在顾及他人的同时，也该大胆表达自我"。在这一章里我简要介绍了我的自恋状态。在我的自恋中有一种顺其自然不强求的迟钝感，而迟钝感中也蕴含着一种特性，那就是因为迟钝所以能够乐观看待自己"被爱"和"被认同"的可能性。

换句话说，或许钝感可以称为健康的一部分。

接着，我从荒木飞吕彦漫画《JOJO的奇妙冒险》中岸边露伴的台词，引导出我们的自恋并不是"喜欢自己"，而是"想要做自己"的主题。成熟的自恋不仅包括自我认同，还包括自我批判、自我厌恶、自尊心、自我惩罚等各种否定性要素。成熟的自恋不是同化异质要素，而是使其共存，即维持多声部的状态。自恋是一种多声部的欲望，最终目的是"做自己"。这就是本书对自恋的定义。

那么，如何缓解自我伤害式自恋中的自伤性呢？

首先，本书的目标之一是"唤醒"。我希望大家能够醒悟——自我否定、自我批判的背景是自恋。我预期一些人会在这个醒悟的刺激下发生改变。当然，理论无法解决所有人的问题。我为这些人提供的建议包括"调整环境""爱护身体"和"计算得失"。不过，最有益的建议是"开放性对话"，其中谈及如果将芬兰开发的护理方法/理念"开放性对话"手法用于日常对话，扭曲的自伤性将会得到明显缓解。以上部分可以称之为"解决篇"。

善待、体谅和同情自己

自我伤害式自恋不是疾病，也不是诊断名。它是一种特异的自恋形式，会给人带来举步维艰的窒息感，困扰生活，让人成为需要他者救护或援助的对象。然而，我不认为所有自我伤害式自恋都应得到解决，也不认为能够解决，就像我不认为所有躲避社交的茧居者都必须接受治疗一样。这是什么意思呢？

如果社会能够宽容茧居，认定茧居者有回避社交的自由，那么对茧居者的偏见就会减少，这样一来，因为受到歧视而茧居不出的人也会减少。从这个意义上说，对茧居的宽容正是解决茧居问题的最终策略。如果是这样的话，自我伤害式自恋同理。出于自恋而伤害自己，这种习惯非常折磨人。然而，如果将其视为自恋的一种变体，那么一概否认并不能解决问题。首先要承认这种痛苦是自然存在的，然后再针对当事人的需求，提供切实可行的建议。如果情况严重，还可以提供治疗。

在本书中，我将自恋定义为"想要做自己的欲望"。"想要做自己"既是对自我同一性（身份认同）的欲望，又不仅限于此。所谓"自己"，不仅包括个体的历史连续性和空间定位，还包括身体的一体性以及停留在自我和他人边界内侧的能力，甚至包括个体的成长可能性。此外，它还包括对自己优点以及缺点的执着。这就是说，我认为，面对多声部的、难以用表象表达的"自我"，"想穷究自我"这个欲望的实现过程就是自恋。

从这个意义上说，人生存于世，自恋不可或缺。即使你深为自我伤害式自恋而烦恼，也请不要忘记，自恋是你至关重要的人生支撑。

自我伤害式自恋不是疾病，也不是性格异常或认知偏差等问题，只是有人对自身的惜恋方式走入了迷宫。正如大家读完本书所感，令人走入迷宫的起因，几乎都在人的身外环境。越是原本认真而正常之人，越有可能在迷宫中受苦。

承受这种痛苦的不仅是你一个人，人数可能远比你想象的要多。此处重要的是，这种痛苦并不是根深蒂固、无法解决的，而且我们已经看到了清晰的起因、机制和解决方向。

许多受困于自我伤害式自恋的人试图通过自我否定、自我批判以及与他人比较的方式来改变自己，但可惜的是，这样做反而会让你难以摆脱"失败的自己"的人设。相反，正是"想要做自己"的欲望，即正视自恋，会给你带来成长和成熟等更好的变化。请善待、体谅和同情你自己。为了实现这一点，可以持续与亲近的人"对话"。我深信，这样的逐步积累将会在不知不觉中，将你引向一个"新的自我"。

如果本书对正在遭受自我伤害式自恋困扰的人有启发和帮助，那就再好不过了。

主要参考文献

「殺人事件の発生状況」『法務総合研究所研究部報告 50』法務省 https://www.moj.go.jp/content/000112398.pdf

「おや子で科学 若者による殺人」『朝日小学生新聞』二〇〇八年四月六日 https://www.asagaku.com/shougaku/oyako_kagaku/kako/04/0406.htm

湯浅誠『反貧困──「すべり台社会」からの脱出』岩波新書、二〇〇八年

「特集 進撃の巨人」『BRUTUS』二〇一四年十二月一日号、マガジンハウス

Mental Health Professionals Warn About Trump, *The NewYork Times* 2017.02.13

バンディ・リー編、村松太郎訳『ドナルド・トランプの危険な兆候 精神科医たちは敢えて告発する』岩

自伤自恋的精神分析

波書店、二〇一八年

　ハヴェロック・エリスとパウル・ネッケの文献 Ellis, H.Auto-erotism: A psychological study. *Alienist Neurol.*, 19,260-299. 1898. Näcke, P. Kritisches zum Kapitel der normalen und pathologischen Sexualität. *Archiv für Psychiatrie und Nervenkrankheiten.*32, 356-386,1899.

　ジークムント・フロイト　渡邊俊之ら訳「症例「ドーラ」・性理論三篇」『フロイト全集 6　1901—06 年』岩波書店、二〇〇九年

　ジャック・ラカン　宮本忠雄ら訳「鏡像段階について」「＜わたし＞の機能を形成するものとしての鏡像段階」『エクリⅠ』弘文堂、一九七二年

　ジークムント・フロイト　鷲田清一責任編集「処女性のタブー・子供がぶたれる」『フロイト全集 16　1916—19 年』岩波書店、二〇一〇年

　丸田俊彦『コフート理論とその周辺——自己心理学をめぐって』岩崎学術出版社、一九九二年

　熊谷晋一郎「自立とは「依存先を増やすこと」」全国大学生協連ウェブサイト https://www.univcoop.or.jp/parents/kyosai/parents_guide01.html

　大澤真幸『戦後の思想空間』ちくま新書、

一九九八年

　渡部昇一『知的生活の方法』講談社現代新書、
一九七六年

　エリク・H・エリクソン　小此木啓吾訳編『自我同
一性──アイデンティティとライフ・サイクル』人間科
学叢書、誠信書房、一九七三年

　斎藤環『心理学化する社会──癒したいのは「ト
ラウマ」か「脳」か』河出文庫、二〇〇九年

　それいけ！！ココロジー編『それいけ×ココロ
ジーレ　ベル（1）──真実のココロ』青春出版社、
一九九一年

　河合隼雄『こころの処方箋』新潮社、一九九二年

　クリストファー・ノーラン『ダークナイト』、ワ
ーナー・ブラザース映画、二〇〇八年

　岸見一郎、古賀史健『嫌われる勇気──自己
啓発の源流「アドラー」の教え』ダイヤモンド社、
二〇一三年

　斎藤環『承認をめぐる病』ちくま文庫、
二〇一六年

　「「就活自殺」を救えるか…「大量エントリー・
大量落ち」の残酷な現実」現代ビジネス、二〇一九年

十一月二十六日 https://gendai.media/articles/-/68592?imp=0

　松本俊彦『自傷行為——その理解と援助』思春期学 31（1）：37-41、二〇一三年

　鈴木翔『教室内カースト』光文社新書、二〇一二年

　本田由紀『若者と仕事——「学校経由の就職」を超えて』東京大学出版会、二〇〇五年

　信田さよ子『アダルト・チルドレン——自己責任の罠を抜けだし、私の人生を取り戻す（ヒューマンフィールドワークス）』学芸みらい社、二〇二一年

　信田さよ子『母が重くてたまらない——墓守娘の嘆き』春秋社、二〇〇八年

　田房永子『母がしんどい』角川文庫、二〇二〇年

　高石浩一『母を支える娘たち——ナルシシズムとマゾヒズムの対象支配』日本評論社、一九九七年

　遠藤利彦『入門 アタッチメント理論——臨床・実践への架け橋』日本評論社、二〇二一年

　信田さよ子「「自己肯定感」にこだわる母親たち、わが子を息苦しくさせるワケ 「世代間連鎖」を防ぐ子育て論＜番外編＞」現代ビジネス、二〇一九年十一月三日　https://gendai.media/articles/-/68128

斎藤環『キャラクター精神分析——マンガ・文学・日本人』ちくま文庫、二〇一四年

森口朗『いじめの構造』新潮新書、二〇〇七年

瀬沼文彰『キャラ論』STUDIO CELLO、二〇〇七年

中井久夫『精神科医がものを書くとき』ちくま学芸文庫、二〇〇九年

斎藤環『母は娘の人生を支配する——なぜ「母殺し」は難しいのか』NHKブックス、二〇〇八年

アーロン・アントノフスキー　山崎喜比古ら監訳『健康の謎を解く——ストレス対処と健康保持のメカニズム』有信堂高文社、二〇〇一年

Stolorow RD : Toward a functional definition ofnarcissism. *The International Journal of Psychoanalysis* 56:179-185, 1975.

ミハイル・バフチン　望月哲男ら訳『ドストエフスキーの詩学』ちくま学芸文庫、一九九五年

マーティン・セリグマン　宇野カオリ監訳『ポジティブ心理学の挑戦し——"幸福"から"持続的幸福"へ』ディスカヴァー・トゥエンティワン、二〇一四年

「私の心理臨床実践と「自己肯定感」」高垣忠一郎退職記念最終講義より　立命館大学、二〇〇九年

「子ども・若者白書」内閣府平成二十六年版

山口路子『サガンの言葉』だいわ文庫、二〇二一年

太宰治「自信の無さ」『太宰治全集10』ちくま文庫、一九八九年

斎藤環『博士の奇妙な思春期』日本評論社、二〇〇三年

アルボムッレ・スマナサーラ『無常の見方——「聖なる真理」と「私」の幸福』サンガ新書、二〇〇九年

斎藤環、坂口恭平『いのっちの手紙』中央公論新社、二〇二一年

坂口恭平『自分の薬をつくる』晶文社、二〇二〇年

坂口恭平『よみぐすり』東京書籍、二〇二二年

スティーブン・R・コヴィー　フランクリン・コヴィー・ジャパン訳　『完訳7つの習慣——人格主義の回復』キングベアー出版　二〇一三

《ひきこもり関連》

斎藤環、畠中雅子『新版　ひきこもりのライフプラン——「親亡き後」をどうするか』岩波ブックレット、

二〇二〇年

　斎藤環 『改訂版 社会的ひきこもり』 PHP 新書、
二〇二〇年

　斎藤環『中高年ひきこもり』幻冬舎新書、
二〇二〇年

　斎藤環『「負けた」教の信者たち──ニート・ひ
きこもり社会論』中公新書ラクレ、二〇〇五年

　《オープンダイアローグ関連》

　水谷緑、斎藤環『まんが やってみたくなるオープ
ンダイアローグ』医学書院、二〇二一年

　ヤーコ・セイックラ、トム・アーンキル著、斎藤
環監訳『開かれた対話と未来──今この瞬間に他者を思
いやる』医学書院、二〇一九年

　斎藤環『オープンダイアローグとは何か』医学書
院、二〇一五年

　小林秀雄「道徳について」『小林秀雄全作品 13
歴史と文学』新潮社、二〇〇三年

　荒木飛呂彦『ジョジョの奇妙な冒険』集英社ジャ
ンプコミックス

　　　　　　　　自伤自恋的精神分析

SPRING 野
更具体地生长

主　　编｜徐　露
营销总监｜张　延
营销编辑｜狄洋意　许芸茹　韩彤彤

版权联络｜rights@chihpub.com.cn
品牌合作｜zy@chihpub.com.cn

野望 SPRING MOUNTAIN

出品方　春山望野（北京）
文化传媒有限公司

Room 216, 2nd Floor, Building 1, Yard 31,
Guangqu Road, Chaoyang, Beijing, China